A.i 思維

不需艱深技術，
不用鉅額投資，
任何企業都適用的
進化關鍵

THINKING IN AI

周忠信

▼

東海大學數位創新學程主任

亞洲物聯網聯盟理事長

目錄

Part 1
人類的第二次進化

第一章　AI 的憧憬與現實

第二章　人類的第二次進化

Part 2

AI思維的關鍵

第五章　AI 的四種智慧程度

Part 3
AI 經濟與企業應用

孫藹彬／鼎新電腦、鼎捷軟件創辦人

推薦序

企業AI應用成功案例實錄
讓人身歷其境的AI探訪之旅

　　我不是寫家，周老師交待寫序，二十多年交情，無以逃避，學淺才疏也不及後悔，只有惶恐承受。為了不負所託，硬著頭皮，以勤補拙，認真拜讀，以減窘迫。不讀不知道，一讀讓我嚇一跳。如此般的行雲流水，就讓千舟滑過了萬重山。與周老師相識相知，當然知道他寫論文的功力，也知道他漫畫插圖的本事，知道他專業素養的紮實，也知道他藝術才華的洋溢，但是竟然不知道，他說故事的功力如此深厚。寫好書難，但是寫容易閱讀的好書更難。要能化深澀為趣味，還能深入淺出、引人入勝，真是難上加難。但是作者卻談笑間已然完成，不得不佩服。所以不以天才相誇，也至少要說是天分了，你若有不信，何妨自己一讀。

今天這個時代，新的科技不斷誕生，每天鋪天蓋地的在周遭飛舞，還拌雜著令人似懂非懂的一大堆專有名詞，不僅增加迷茫與困惑，更讓人不知所措，這就是需要大師的時候了。所謂大師，要能為我們開釋解惑，為我們化繁為簡，要能用我們常人的思維習慣與表達方式，把艱澀難纏的大道理，轉化成明確清晰、簡單易懂的論述，並且能夠連結我們的日常經驗，讓我們一目瞭然、豁然開朗。從這個角度看，這本書非常成功。

借力 AI，避免被時代淘汰

AI是我們今天當然要面對的大題目。本書不從AI技術出發，是以人為主角，從思維的演變切入，論述未來人應該如何面對AI、掌握並運用AI。因此，作者從智慧代理人，談到分身，談到AI孿生，把思維的進化過程，從第一次進化演變到第二次進化，從運算思維（why & how）演變到學習思維（what & who），從上到下（top-down）思維演變到下到上（bottom-up）。這樣的論述角度，相當奧妙、有趣又深刻。用本尊的說法「人類的第二次進化，並不是長出新的器官或是新的能力，而是思維上的第二次轉變。而這個轉變我們將之稱為『AI孿生』（AI twin）。」又說「所謂AI孿生是指運用個人智慧（Human Intelligence，HI）並結合人工智慧，也就是HI+AI，去面對問題與挑戰的思維與能力。」而AI思維無論在

「速度、維度、強度、粒度」上都巨大無比，必能給HI帶來很大的助力，也因此提醒了我們，若不能跟上時代借力AI，真有被時代淘汰的風險。

要掌握與運用AI，當然要了解AI。作者把AI思維，從五種能力（分類力、預測力、視覺力、語言力、推理力）、四種智慧程度（自動、自學、自主、自覺）、三類學習方式（深度學習、強化學習、遞移學習），用這「五四三」的手法，四兩撥動千斤，把一個超級複雜學術大題目（從1950年代開始萌芽，歷經七十年演變，歷經三次盛衰）輕鬆解構，頗有庖丁解牛的乾淨俐落，讀來暢快淋漓。這種能耐，不只需要學術理論紮實完整，解構的功力也非常人所及。

本書最可貴的特色，是AI應用的實際案例。作者在理論的介紹過程，搭配了豐富的案例，或為解釋或為佐證。除了一般常見案例，更重要的是作者直接參與實際指導的案例，這些應用AI孿生不斷發揮價值的案例，從問題的形成設定，到解法的研議發展，到最終成果的落實呈現，其中的實務議題與實際場景，都是作者的親身經歷，再由自己娓娓道來，讓讀者更有身歷其境的感受，很有對照或參考的實際價值，大大減低了學術與實務之間的隔閡與距離感。不會有隔靴搔癢的遺憾，不會有隔山打牛的疑惑。不同於一般坊間著作，大多談形而上的玄奧理論，却少論實質應用或實踐做法，難以舉一反三或實證效法。

數據驅動創新，AI最佳切入點

此外，作者還有兩個觀點值得我們特別關注：

其一，雖然AI思維最重要的是有數據，AI學生要有數據才能學習，但是我們的行動卻不必等數據完整才開始。就像人類學習事物、積累經驗的過程，需要且戰且走，只要有足夠可用來訓練建模的數據，就可以逐步完善模型，就可以得到一個有用的AI學生。所以「你不用很厲害才能開始，但你需要開始才會很厲害。」

第二個觀點是，如何利用數據幫助企業創新，稱之為「數據驅動創新」（Data Driven Innovation，DDI）。在AI思維中，用數據挖掘出新應用來驅動創新，是重要的手法。也可以反向思考，企業為了「掌現況」、「觀變數」、「擬預測」、「佐決策」，定義出需要的數據，再應用AI技術來解構數據，是數據驅動創新的另一方法。因此，數據驅動創新是協助我們開始使用AI最好的切入點。

最後用作者的一段話做總結，「企業AI化，我們將之稱為BAI（Business AI），已經是大勢所趨。運用人工智慧思維，無論是+AI還是AI+，企業才能在未來的挑戰中全面進化，全面提升企業在價值鏈上的競爭優勢。」

本書值得一讀！

推薦序

化衝擊為助力
企業與AI協作共存共榮的第一本書

劉克振／研華科技董事長

楊瑞祥博士／研華科技技術長

　　科技的進展持續改變人類經濟活動，改變商業模式及就業市場與社會體系。過去人類從農業社會，因機械動力發明而進入工業社會，農村人口大量移動到都會區。再因生產設備自動化持續提升，而就業人口大量從工廠生產移動到服務型產業。過去三十年來設備自動化以及同時並行的資訊化很大幅度的提升了各行各業的經營效率，近十五年的網路化與無處不在的雲服務更是加速改變了廣大消費市場的產業樣貌，舉凡電商、社群、媒體、金融、叫餐、叫車、訂房、食衣住行育樂醫財等等服務消費者的各行各業，都已經發生巨大的改變。每個公司在使用自動化設備與資訊系統從事每天生產業務管理活動

的同時，有許多專業團隊於其中，使用設備與系統資訊做出最佳判斷決策與起動對應行動，優化經營成效。這些專業判斷與決策，或大或小，或單點或區域或全域，都有機會導入AI協作，將又再一次大幅地提升公司經營效率。人類經濟活動與各產業，將會再一次因AI科技的進展，AI開始逐漸能夠承擔各層級需要專業判斷的工作，人類經濟活動、產業樣貌、就業市場與社會結構很可能因而再次大幅改變。

　　本書以科普的淺顯易懂文字，清楚完整地說明了AI的前世今生與未來，對於AI的能力層次與強項，有效使用AI所必須的數據驅動思維，以及對各產業+AI與AI+的可能等重要突破性觀念，均有具體描繪，並說明為何再不AI會來不及的急迫性。AI將帶來的產業衝擊，將會數倍甚或數十倍高於互聯網與雲服務已經帶來的明確巨大產業衝擊。深入理解AI思維對於所有人，於此時點都極為重要。

　　高度推薦本書給對於想了解AI以及如何有效對應必然會來到的AI大浪潮，以及如何與AI協作共存共榮的所有朋友。

自序

因為人工智慧，從而擴增智慧
Because AI, becomes AI.

周忠信

　　會寫這本書的關鍵動機，實是與我個人的背景與經驗有關。不過讀者可別誤會，作者過去的背景或經驗，一路是與軟體工程、軟體開發、企業數位轉型、數位創新以及用戶體驗設計等相關。雖然有幸在學界與業界間往返，跨領域積累許多寶貴的實務經驗，只不過這些實務經驗與人工智慧並無太大關聯。

　　那麼為何說這本書的動機，是與作者的背景有關呢？或許溫庭筠〈望江南〉中的「過盡千帆皆不是，斜暉脈脈水悠悠」恰可說明。在本書中，我們是以運用工具的能力來代表人類的第一次進化。而且即使到了今天數位時代，有了電腦、網路、智慧手機、雲端計算等許多先進的高科技，我認為人類仍然停

留在第一次的進化中——因為我們只是在運用這些新工具來滿足需求、解決問題與挑戰。

若從思維的進化角度來看，運算思維（computational thinking）可說是第一次進化的極致。簡單講，第一次進化的特徵是解題——運用手邊可以取得的工具，找出解決問題的方法與步驟。而運算思維則是更強調對問題的解構，以及找出更具邏輯性的解題方法與步驟。對於像作者這種長期面對企業數位化挑戰的人而言，運算思維在今天的各行各業裡，早已無所不在。然而隨著數位科技的快速進展與普及，當海量數據正在驅動企業創新時，作者可說是過盡千帆，開始感受到運算思維有時而窮的窘境。因此當日本電裝（Denso）公司的考試機器人Torobo-kun出現以及AlphaGo擊敗圍棋世界冠軍時，一個過去只存在科幻世界的東西，終於出現在真實的生活中。

過去這幾年，作者團隊開始將人工智慧運用到企業裡，不論是智慧機械、智慧製造還是智慧企業等，人工智慧解決了許多過去極度困難的挑戰。甚至我們還將人工智慧與藝術結合，讓不會作畫的我一圓畫家夢。這讓作者開始深信，人類的第二次進化已經到來。

第二次進化並不是長出新的器官或是新的能力，而是思維上的第二次轉變。這個轉變是因為我們可以不再靠自己解題了，而是發展自己所需的「AI孿生」（AI twin），由它來幫我們解題。AI孿生不但是一個數據大神，同時還能以人類無法

企及的四個度——「速度」、「維度」、「強度」與「粒度」來處理數據，因此AI孿生就是我們在電腦與網路世界裡的人工智慧夥伴。人腦攜手人工智慧夥伴，勢必促成人類的第二次進化。

在邁向第二次進化的過程中，你可以不用會寫AI程式，但是你需要具備新思維，而這個新思維就稱為「AI思維」。「Because AI（Artificial Intelligence）, becomes AI.（Augmented Intelligence）」——「因為人工智慧，從而擴增智慧」，這正是本書寫作的真正原因。作者認為無論對個人或對企業而言，具備AI思維已是刻不容緩之事。因為，第二次進化已經正在發生。

Part 1

人類的第二次進化

第一章

AI 的憧憬與現實

001　開始的憧憬：機器人要守分寸

　　科技的進步，常常也促成文學的創新。特別是工業革命後，幻想獲得了另一種似真還假的養分。似真，是因為許多過去未曾出現的事物，正透過科技不斷被創造出來；還假，則是創作者可以海闊天空去發想未來的可能科技。特別是在進入二十世紀後，除了工業設備的高速進展外，可以自動執行計算的技術也越發成熟。這些新科技激發出的新想像，就是人類似乎已經能夠透過機器創造出四肢與大腦。而這其中最具代表性的科幻小說，就是由以撒‧艾西莫夫（Isaac Asimov）早在1950年就出版的科幻小說短篇集《我，機器人》（*I, Robot*）。

　　1950年是二戰結束後才幾年，人工智慧一詞尚未出現。至於用於自動化生產的機器臂——廣義上可被當成機器人的設備，也還要十年後才出現。然而艾西莫夫不僅創造了對未來機器人的想像，他甚至已經探討了人類與機器人間的倫理問題，從而制定了機器人三守則：

- 守則一：機器人不得傷害人類，也不能因無作為而造成人類受到傷害；
- 守則二：機器人必須服從人類命令，除非這些命令會與

守則一相牴觸；

- 守則三：機器人必須保護自己，除非這種保護會與前兩條守則相牴觸。

今天這三條守則仍然影響著不僅科幻界，還包括人工智慧等相關科技領域的研究。

艾西莫夫這本小說曾多次被電影與電視劇取材改編，其中2004年的英文同名電影（中文名稱為《機械公敵》）是由威爾‧史密斯（Will Smith）主演，亦取材自本書。電影中，史密斯飾演的警探痛恨機器人，因為他在一次任務中被機器人所救，機器人為了救他卻犧牲了另一個小女孩。機器人是根據邏輯而非人性做決定，因為依當時情況員警的生還機率遠高於小女孩。然而，若從人性來看，可能大部分的人會先救小女孩。類似這樣的議題，對科學界而言至今仍是一個挑戰。我們可以創造出人性嗎？要創造出怎麼樣的人性呢？機器人的人性是可選擇的嗎？還是我們成為另一個造物主，創造出新的人類？

開始的憧憬：機器人要守分寸——機器人三守則

002　但是 AI 可信嗎？《2001 太空漫遊》

　　由史丹利·庫柏力克（Stanley Kubrick）拍攝的電影《2001 太空漫遊》（*2001: A Space Odyssey*），可說是科幻電影史上的重要代表作品。這部早在 1968 年就已經出現的電影，讓人類預視到後來的科技進展，包括像平板電腦的出現等。不過片中最讓大家關注且在意的，還是名為 HAL 9000 的超級電腦。

　　HAL 的全英文是 Heuristically programmed ALgorithmic computer，意指基於啟發式程式演算法的電腦，是本片假想的一種人工智慧。HAL 9000 安裝在太空船「發現號」上，擁有語音對話、語音辨識、臉部識別、自然語言處理、藝術鑑賞、情感行為辨識、自主推理與下棋等能力。HAL 9000 同時控制著船上所有系統，並能與船內所有乘員互動。故事情節發生在遠航之旅時，HAL 9000 發現太空船上的乘員打算關閉其主機。所以 HAL 9000 決定先發制人，開始殺害太空船上的乘員。HAL 9000 成為典型殺人如麻的人工智慧早期代表。

　　電影中 HAL 9000 的許多能力，今天的人工智慧已經部分兌現。像是蘋果（Apple）手機的 Siri 語音助理、刷臉進出海關，還有 AlphaGo 也已經贏過世界圍棋冠軍等，幾十年前的幻

想，如今卻成為日常生活中的一部分。至於像是藝術鑒賞、情感行為辨識以及自主推理等能力，今日的人工智慧與HAL 9000相比，則仍然頗有不及之處。然而儘管不及，但是人類對人工智慧的企盼，顯然很早之前就已萌芽。

　　本片於1991年，在具備「文化上、歷史上、美學上」的重要價值下，已被美國國會圖書館下屬的國家電影保護局（National Film Preservation Board，NFPB），納入國家電影名錄（National Film Registry）而永久典藏。

003　可怕的魔鬼終結者

　　1984年發行的《魔鬼終結者》（ *The Terminator* ），可說是至今商業片中最受歡迎的科幻電影之一。這部由詹姆斯・卡麥隆（James Cameron）拍攝的電影，同樣因「文化上、歷史上、美學上」的重要價值，於2008年被美國國家電影保護局納入國家電影名錄永久典藏。

　　片中的魔鬼終結者背後的「天網」（SkyNet），原本是一個由美國政府研發出來的自動化防禦網路系統。設計天網的最初目的，是希望能夠透過人工智慧，避免因人性而產生的誤判或執行命令時的猶豫不決。因此所有的攻擊與防禦之決策與執行，皆由天網負責指揮與調度。然而，後來天網這個人工智慧系統，在控制了所有武器裝備後，開始產生自我意識。它並且判定人類對其反是威脅，於是啟動大規模殺傷武器，展開滅絕全人類行動，而這也正是本片情節中所提到的「審判日」。

　　本片中的終結者機器人，一般被歸類為「賽博格」（cyborg）或是「類人型機器人」（Humanoid Robot）。賽博格類型的機器人，其外在具備人的活組織，但行為卻不一定似真人。而類人型機器人則是指具備類似人類四肢和頭等的構造，但大小和外觀則不需要與人類相似。

　　本片中的終結者，不再遵守艾西莫夫的機器人三守則。另外，天網也跟《2001太空漫遊》中的HAL 9000一樣，具備了自我意識與自主推理的能力。而更有甚者，1980年代網際網路（Internet）正開始出現，片中已經假想天網可以運用網路跨出單一電腦主機，從而具備主宰所有武器系統的能力。對比今天，雖然天網尚未真正存在，但是Google、臉書（Facebook）、亞馬遜（Amazon）等這些公司，不正也在透過人工智慧與網際網路改變我們的生活。由於《魔鬼終結者》這部影片的成功，也對後續人工智慧相關的流行文化產生巨大的影響。

004　像人有感情

2001年由史蒂芬・史匹柏（Steven Spielberg）導演、庫柏力克參與製作的科幻電影，其片名就直接叫做《A.I.人工智慧》（*A.I. Artificial Intelligence*）。然而當時的科技界，還尚未從「人工智慧寒冬」（AI winter）中爬出來。所謂人工智慧寒冬，意指人工智慧研究的低潮期。在當時由於各界不認為人工智慧可能成功，因此科技界很難獲得相關的研究經費。歷史上，人工智慧寒冬共出現兩次，一次是發生在1970年代，一次則是發生在1990年代。站在今日人工智慧欣欣向榮的角度來看，無論是科幻文學還是科幻電影，人類對於人工智慧的憧憬，顯然一直領先科技界。

本片故事中的機器人技術已經非常成熟，跟之前所介紹的兩部電影不同，這些人形機器人不與人類為敵，而是散布各處，從各方面幫助人類改善生活，甚至包括性愛機器人等。影片中的主角，一個小男孩機器人，其主要任務就是愛人與期望被愛。故事自然非常感人，最終劇情借用《木偶奇遇記》（*Pinocchio*）中，皮諾丘變成真人的故事，探討當機器人發展出與人類相似的情感能力時，看電影的我們，是如何對這個小男孩的不捨。

　　事實上，比本片更早兩年，一部名為《變人》（*Bicentennial Man*）的科幻片，也在探討機器人與人類間的差異。該片也是改編自艾西莫夫的其中一篇科幻小說《正子人》（*The Positronic Man*），由羅賓·威廉斯（Robin Williams）主演。片中的機器人學會自食其力，也學會具備人類的情感能力，最終甚至不惜放棄永生，追求成為真正人類。

　　上述兩片中的機器人，既不同於工廠裡的機器臂，一般我們最熟悉、英文稱為robot的機器人；同時也不被歸類為前面介紹過的賽博格。片中的機器人，一般被稱為「仿生機器人」（android）。不過今日大家對android這個英文字的認識，主要還是來自於Google的手機作業系統。仿生機器人的特徵是指外觀盡可能與人類無異，同時行為上也盡可能與人類相似。然而不管怎麼分類，這些不同類型的機器人，正逐步走出科幻電影，開始生活在我們的周遭。許多人心中或許會有疑問：對人類而言，這些人工智慧到底是助手還是對手？這個議題我們留待後面再來討論。

005　強大到無所不在：《疑犯追蹤》

　　《疑犯追蹤》（*Person of Interest*）是美國CBS電視台製作的電視科幻影集，2011年正式首播，共五季於2016年完結。本劇內容的展開，主要是圍繞在一套稱作「機器」（The Machine）的人工智慧系統。透過連結無處不在的監控系統，以及經由網際網路擷取全球各地資訊與各種數據資料庫，劇中的機器可以預測出將發生的有計畫犯罪。這些犯罪包括上至大型恐怖活動，下達對一般人的暴力攻擊等。機器會將這些預測情報提供給有關當局，進而得以事先處置防範於未然。

　　撇開片中引人入勝的劇情不談，大家是否會覺得劇中的機器就是一個無所不在、同時又是一位超強的算命師？而這種無所不在以及強大的預測能力，大概也只能出現在科幻片中。然而事實上，今天在大數據分析預測、人臉辨識等各種人工智慧技術的加持下，片中的部分情節，已經實際出現在我們的現實生活中。

　　以視覺辨識為例，英國廣播公司BBC一名記者，2017年在貴陽市實地測試中國大陸的「天網工程」。該記者先在監控中心掃描臉部並登錄為嫌疑犯後，從市區走到車站僅七分鐘，就被大陸警察攔獲。而被暱稱為逃犯剋星的張學友，2019年

初在蘇州開演唱會的三天裡，就有二十二名通緝犯在演唱會現場中，被辨識系統發現、確認而落網。

　　至於人工智慧在真實世界中的算命能力，更多則是展現在預測方面。這些預測包括對銷售對象的預測、生產機台可能發生異常的預測等，雖然仍遠不及於劇中機器的能力，但是只要數據夠多、夠完整，今天的大數據與人工智慧技術似乎也離此不遠。

　　從最早出現的科幻小說《科學怪人》（*Frankenstein*），到後來前面介紹的科幻文學、電影、影集等，百年來人類對於創造出「類人」、甚至「超人」的想像一直沒有停止過。事實上，應該是說非常期待卻又怕受傷害。那麼在真實的世界裡，發展又是如何呢？

006　現實是：過得了圖靈測試嗎？

艾倫・圖靈（Alan Turing）是英國著名的數學家與密碼學家。他提出的圖靈機（Turing Machine）模型，為今天的電腦基礎理論奠基，因此也被譽為計算機之父。二次大戰期間，圖靈曾為政府從事密碼破譯工作。2014年的電影《模仿遊戲》（*The Imitation Game*），即以圖靈為劇中的主人翁。

1950年圖靈發表一篇劃時代名為《計算機器和智慧》（*Computing Machinery and Intelligence*）的論文，文中討論智慧機器的可能性。在探討「機器會思考嗎？」（Can Machines Think?）這個問題上，圖靈提出一種用來判定機器是否真具有智慧的測試方法，後來被學界稱為「圖靈測試」（Turing test）。圖靈測試是以一個真人為中心，跟兩位看不見的對象對話，其中一位是真人，另一個則是機器。經過若干次對話後，提問者若不能實質區別兩個對象何者為真、何者為假時，則我們就說這個機器通過圖靈測試，也就是具有智慧性。在1950年的那個年代裡，當時許多研究者認為，這是一個不用太久就可以通過的挑戰。

然而，事實上自從圖靈測試提出後的六十年裡，一直沒有一台電腦可以通過測試。直到2014年由來自俄羅斯的科研人

員研發的智慧機器——尤金・古茲曼（Eugene Goostman），在雷丁大學（University of Reading）所舉辦的圖靈測試中，順利騙過三分之一的參與人員，令他們以為古茲曼是一位來自烏克蘭的十三歲男孩。這對許多人而言或許覺得頗不可思議，蘋果手機的Siri不早都已經可以聊天啦？不過相信大家也都有這個經驗，在跟Siri對話幾句後，就可以很容易辨識出Siri並非真人。顯然，圖靈對機器具備智慧所設定的門檻並不容易跨越。這包含對語言的理解能力、對話背後的意義、推理以及運用知識的能力等。

　　不過，在2018年的Google I/O開發者大會上，一款名為Duplex的Google Assistant，已經可以用幾乎是人類的聲音，以及更真實的對話能力來和人類互動。對話過程中，並且能讓對方無法察覺到正在和機器交流。從展演現場的對話中可以發現，Google Assistant不但能理解複雜且較長的句子，同時也能應付不同的講話速度。而且更重要的是，它能在電話中清楚說明意圖，讓對方立即掌握通話要旨。在對話過程中，Google Assistant的聲音、語調、情緒，幾乎與人類無異。它還能在句子中適切地加入「嗯」、「呃哼」、「哦」等語助詞，讓對話者更相信是在與人類通話。事實上若不考慮嚴謹度，Google Assistant可以說已經順利通過圖靈測試了。

機器過得了圖靈測試嗎？

007　人工智慧一詞首現

　　如同前文所言，在1950年代隨著計算機相關理論與技術的蓬勃發展，越來越多人相信，機器終有一天可以具有智慧。就在這種樂觀的氛圍裡，當時的兩位學者馬文‧明斯基（Marvin Minsky）與約翰‧麥卡錫（John McCarthy），於1956年在達特茅斯（Dartmouth）召集眾人舉行一場研討會。在這場會議中，Artificial Intelligence，英文縮寫為AI的「人工智慧」概念首次定錨。

　　在此次會議中，後來催生出了人所共知的人工智慧革命。而當時兩位發起者，明斯基與麥卡錫，後來也進入麻省理工學院（Massachusetts Institute of Technology，MIT）任職，並創辦了人工智慧實驗室（Artificial Intelligence Laboratory）。今日要說誰是最早投入人工智慧的研究者，除了前文介紹的圖靈外，1956年參與達特茅斯會議的多位學者，都可算是先行者。但由於人工智慧一詞是由麥卡錫提出，所以2002年由電機電子工程師協會（Institute of Electrical and Electronics Engineers，下稱IEEE）出版的《智慧系統期刊》（*IEEE Intelligent Systems*）特別登出一篇文章，正式稱呼麥卡錫為AI之父。

　　人工智慧初登場後，眾多學者專家紛紛投入研究，並各

自探索不同的方向。雖然成果百花齊放，但簡單來說，主流的思考方向，不外乎是由上而下（top-down）還是由下而上（bottom-up），來發展智慧的計算模型。所謂由上往下是指根據人類已有的知識與經驗，建立對應的模型與計算方法。例如將人類的邏輯能力、推理能力等，想辦法轉化成電腦程式；同時也將人類的知識變成電腦可以理解的資料結構並存入電腦裡，那麼電腦不也就具備類似人的智慧了。由下而上的思維，則是想像模仿人類大腦中的神經元網絡，透過辨識、學習等過程，將記憶烙印在神經元上，這樣慢慢就能積累出相關的智慧。最早由沃倫・麥卡洛克（Warren McCulloch）和沃爾特・披次（Walter Pitts）兩人提出的人工神經元（artificial neurons），就是第一個有關人類神經元網絡的數學模型，同時也可看成是後來的人工智慧領域中類神經網路（neural network）的起始點。

就在這百家爭鳴的時期裡，前述提到達特茅斯會議的主要召集人明斯基，在1969年與西摩爾・派普特（Seymour Papert）出版一本名為《感知器：計算幾何概論》（*Perceptrons: An Introduction to Computational Geometry*）的書。本書影響了當時的研究方向，後人也認為該書在當時衝擊了由下往上的神經網路相關研究，而隨後十年的人工智慧研究卻又無法彰顯大家的期望，人工智慧的寒冬也隨之降臨。

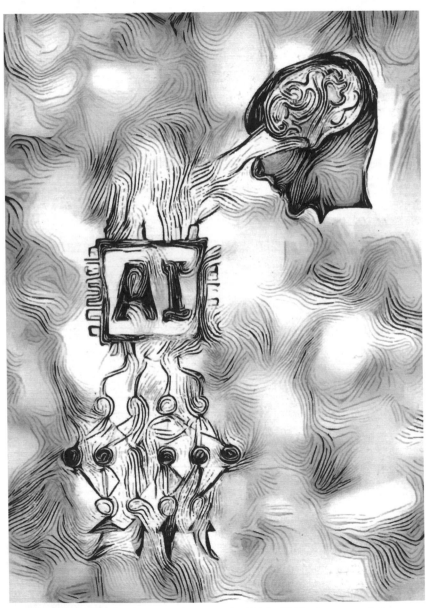

人工智慧模型：由上而下（top-down）或是由下而上（bottom-up）？

008　第一個機器臂

當學術界正從計算角度探索機器如何可以具備智慧時，產業界也開始看見計算機在製造上的可能用途。其中發明家喬治・德沃爾（George Devol）在1954年提出利用程式來控制機器，進而使之自動執行特定步驟的創新想法。後來他將此概念提出專利申請，並於1961年獲得美國批准。在此期間，德沃爾遇見了約瑟夫・恩格爾伯格（Joseph Engelberger）。恩格爾伯格跟德沃爾一見如故，當時正好恩格爾伯格失業，恩格爾伯格決定買下德沃爾的專利，同時倆人一起創辦了世界上第一家生產工業機器人的公司，公司名為Unimation，而恩格爾伯格後來則被尊為機器人之父。

Unimation公司在恩格爾伯格與德沃爾的努力合作下，生產出第一台工業用機器臂Unimate。1961年Unimate正式被通用汽車（General Motors）採用，成為全世界第一個實際大量運用於生產線上的機器人。而通用汽車則領先業界，成為全世界最早走向自動化生產的汽車廠。在1966年Unimate機器人還上了美國NBC電視台的著名脫口秀，由強尼・卡森（Johnny Carson）主持的「今夜秀」（Tonight Show）。節目中，恩格爾伯格展示機器人推桿高爾夫球滾入杯子、倒啤酒等，讓世人第

一次感受到，機器人正在從科幻世界中走出來，進入到真實的生活裡。

　　今天工業用機器人已經相當普及，但這種由程式控制自動反覆執行動作的機器，算是具有人工智慧嗎？這樣的問題，往後還會一再出現。例如像是智慧城市、智慧大樓、智慧工廠、智慧零售等，運用數位科技發展，能夠自動監控、自動執行任務、自動反饋的系統，算是具有人工智慧嗎？到底智慧系統與人工智慧差異在哪裡？這議題留待後面我們再來討論。

009　像專家的系統

　　人工智慧的發展，如同之前所介紹，在1960年代之後的二十多年裡，大抵是受由上而下發展知識模型的概念所主導。也就是說，將人類已有的專業領域知識與經驗，轉化成電腦可以處理的規則。再透過推論、分析等程式，或者稱為推論引擎（Inference Engine）的軟體，並結合根據事實蒐集所得的資料，代入各種規則中進行分析、推論。一般而言，所謂電腦可以處理的規則，其基本結構就是"if〔前提〕then〔結論〕"。也就是說假若已知前提會出現，則可確定結論也必然會發生。推論引擎則必須從眾多彼此可能互相矛盾、衝突的規則中，逐步推導出結論與建議。

　　在前述這種概念推動下，人工智慧確實取得不少的成功。其中，又以知識應用為主的專家系統（expert system）在實務界獲得採用。人工智慧首次從理論研究進入實際應用。例如在1978年，美國卡內基梅隆大學（Carnegie Mellon University，CMU）為迪吉多電腦公司（Digital Equipment Corporation，DEC）開發的XCON系統，就是一個典型的範例。XCON是eXpert CONfigurer的縮寫，意思就是配置的專家。在使用XCON之前，客戶向DEC公司訂購電腦設備時，由於當時電

腦不夠普及，許多軟硬體或周邊設備需要專業知識，才能正確選配出滿足客戶的組合。然而大部分的銷售人員並非技術專家，所以經常會發生客戶買了電腦卻配置錯誤型號的連接線，買了印表機卻配置錯誤的驅動程式等問題。這些問題不僅引發客戶不滿，同時也造成後續處理成本的增加。XCON這個專家系統則擁有大約兩千五百條知識規則，可以協助銷售人員根據訂單自動選配正確的組件。其準確率後來可達到95%以上。XCON幫助DEC電腦公司減少配置錯誤、增加客戶滿意度，同時每年也為DEC省下2千5百萬美元（約新台幣7億5千萬元）費用，成效確實驚人。

除了上述應用案例外，另一類常見的專家系統則是與醫療有關。其中最有名的，當屬1970年代由美國史丹佛大學（Stanford University）開發的專家系統MYCIN。MYCIN名稱是根據抗生素中黴素類的英文字根mycin而來，主要是用來幫助醫生對住院的血液感染患者，進行診斷與進行藥物治療的專家系統。MYCIN大約有六百條相關知識規則，診斷結果正確率約為65%。儘管大家可能覺得這樣的比率不夠好，但在當時此準確率已高於許多醫師專家。

類似上面兩個實際案例的出現，讓許多那個年代的人們，開始對人工智慧的未來充滿希望。然而現實上卻是從此之後，人工智慧開始走入谷底。其原因在於專家系統雖有成功案例，但實際上大部分的應用卻無法達到預期目標。這裡面的主要原

因在於，人類知識的運用並非一成不變，有時跟當下情況有關，甚至就是直覺上的判斷。此外，人類會自動學習積累知識，但當時的人工智慧卻無法自主成長。因此這種由上往下轉換知識建立智慧模型的方法，並無法創造出更多的成功應用案例，所以也造成後來許多人不相信人工智慧的可行性。

010　會推薦東西給你的系統出現了

　　儘管在80年代到90年代間，人工智慧領域未能看到太多令人鼓舞的進展，但是業界的許多需求卻無法等待。這其中，特別是因為網際網路應用的逐步成熟，許多服務必須面對網路另一端成千上萬的使用者，因此更聰明且能自動回應的系統，就越發重要。其中，具備自動推薦能力，一般俗稱推薦系統（recommendation system）的軟體，開始浮現出來。

　　所謂自動推薦是指針對使用者，從眾多的商品、資訊或服務中，主動分析並發掘出適當的對象，並推薦給吻合的使用者。最早出現的推薦系統GroupLens，是由美國明尼蘇達大學（University of Minnesota）計算機系，名稱也叫做GroupLens的實驗室所研發，並於1994年對外發表。隨後於1997年創建MovieLens推薦服務，可以向使用者推薦電影。今天，串流影音的龍頭公司網飛（Netflix），其個人化的推薦系統，已經可以自動找出符合個別用戶口味的電影或影集，再推送給相對應的使用者。每次都能主動吸引使用者繼續欣賞其推薦的影音內容，用戶自然沒有理由離開網飛，而這正是推薦系統在網際網路時代，不可被取代的重要原因。

　　推薦系統的概念主要分為兩種，一種稱為「內容過濾法」

（content filtering），此方法根據物品的各種特徵值，找出其他具有類似性質的相似物品並發展出預測模型；另一種方法稱為「協作過濾」（collaborative filtering），主要是根據使用者的歷史行為，例如購買過的物品、瀏覽過的東西或是評價過的物品等，並結合其他用戶的相似行為來建立預測模型。這兩種方法也可以彼此搭配混用，但關鍵都是需要建立出所謂的預測模型。

　　推薦系統在進入2010年之前，主要仍是以「大數據」（big data）技術以及傳統的「機器學習」（machine learning）為主。所謂大數據技術是指能夠從巨量資料中，發現隱晦不清的數據關聯，或是萃取出存在但很難看得見的數據行為模式。至於機器學習，則是人工智慧領域的重要發展方向。傳統機器學習的稱呼，主要是用來跟2010年之後出現的深度學習（deep learning）作區別。傳統機器學習，主要是運用大量的機率與統計理論，從資料中自動分析獲得規律，再利用所得規律對未知做預測的方法。至於深度學習，作為今天人工智慧蓬勃發展的背後主要支撐，我們在後面再來說明。

011　打敗西洋棋冠軍

　　人工智慧的發展，在1997年來到一個重要的里程碑，那就是IBM公司的「深藍」（Deep Blue）超級電腦，首次擊敗人類的西洋棋世界冠軍選手加里‧卡斯帕洛夫（Garry Kasparov）。為何說是重要的里程碑呢？因為下棋一直以來都被認為是人類智慧的呈現。棋局中有攻有防，與對手對弈時，必須盤算未來幾步的可能變化，甚至還需事先布局。因此如何讓計算機在棋賽中可以贏過人類，一直是人工智慧領域的重要課題。事實上早在1956年，阿瑟‧塞繆爾（Arthur Samuel）就為IBM 701*創建了一個跳棋遊戲程式。這個程式利用跳棋指導手冊來辨別這手棋的好壞，這是機器學習的第一個例子，也是由塞繆爾創造了這個名詞。

　　1997年的深藍，載入了人類過去已有的兩百多萬局西洋棋棋譜。根據這些棋譜，深藍的人工智慧，可以推理出對手下一步棋後面緊接十二步的所有變化。而一名人類西洋棋好手，大概僅能達到隨後的十步棋。這種類型的人工智慧概念，基本

---

*　IBM公司在1952年對外發布的第一台電子計算機，是IBM第一台商用科學計算機，也是第一款大量製造的大型計算機。

上可以說是「窮舉搜尋」的做法。所謂窮舉搜尋是指計算機利用其大量記憶以及超快速計算的能力，在所有可能發生的組合中，找出最適合的選項。簡單來說就是，我們可以不用很聰明，只要能夠一一走過所有可能，自然知道哪一步會是最好的選擇。這種做法對人類來說根本不可能實現，因為每下一步可能都要花上好幾小時以上的時間才能決定。但是計算機透過運用其「蠻力」，卻相對是輕而易舉的事。

　　人工智慧能夠打敗西洋棋王，許多人可能會覺得科幻小說或電影的情節真的快要成真。不過像深藍這種僅能在某項領域發揮特長的人工智慧，我們將之稱為「狹義的人工智慧」。在現實的世界裡，狹義的人工智慧需要建立龐大的數據規則，同時透過蠻力的窮舉式搜尋來解特定的問題，除了極耗計算資源外，實際應用情境仍頗受限制。

012　想考進東京大學

在圖靈提出測試機器是否具有智慧的方法後，人們發現人工智慧要通過圖靈測試，至少涉及以下三項關鍵領域技術，它們包括：

- 對人類語言理解的能力。包括要聽得懂與人類的對話；讀得懂一段輸入的文字；要能夠知道每句話後面的意思與意圖；另外也要能夠利用人類的語言，做出正確的回應等。這方面的人工智慧技術，一般歸在「自然語言處理」（Natural Language Processing，NLP）領域。

- 知識表達、記錄與推理的能力。包括類似之前介紹的專家系統能力，但由於圖靈測試所涉及的對話並非在尋找專業建議，更多的是根據一來一往的對話做出正確回應。其中「知識圖譜」（knowledge graph）是常見用來作為語意檢索的技術，除被Google實際用來提高搜尋品質外，也是近年流行的智慧音箱，如亞馬遜的Alexa、小米的小愛同學等，背後常見的知識表達與記錄方式。

- 具備自我學習的能力。包括從對話中學習原來尚未習得

的詞彙或語意等。

　　面對圖靈測試的挑戰，日本電裝（Denso）公司與日本國立情報學研究所（National Institute of Informatics，NII），選擇另一個角度來測試人工智慧——他們決定讓機器參加人類的大學入學考。2016年，Torobo-kun，也就是電裝公司研發的考試機器人，在入學模擬考試中獲得了成功。Torobo-kun基本上達到了關東幾所私立名校的錄取標準，這幾所名校包括明治大學、青山大學學院、立教大學、中央大學和法政大學等。基本上Torobo-kun除了需要具備前述的幾項能力外，它還具備電腦視覺，所以可以閱讀考卷；具備機械臂，所以能夠書寫答案卷並舉手要求換卷紙。Torobo-kun這個機器人已經可以在試場裡，跟人類考生一較高下了。

　　Torobo-kun原來是希望可以考上東京大學，但此遠大目標後來被研發團隊放棄。究其原因還在於Torobo-kun機器人基本上仍是一種狹義的人工智慧，它在閱讀理解上，表現得也不盡理想。例如它的知識庫中，明明知道曹丕是曹操的兒子，卻無法回答曹丕的父親是誰這類的問題。但無論如何，Torobo-kun是一個整合多項人工智慧技術的結晶，即使在今天仍讓人刮目相看。它的出現，正式點亮了近代人工智慧在現實世界的可行性。

013　自學下棋打敗圍棋冠軍

　　回想計算機，或者我們俗稱電腦的東西，在1950年代剛出現時，對於大部分人而言，它是一個除了電腦專業人員外，其他人可能一輩子也不會去碰的東西。但是當史蒂夫·賈伯斯（Steve Jobs）在1976年創辦蘋果公司，提出個人用電腦概念後，短短的二十年內，幾乎家家戶戶都有電腦。再加上1990年代網際網路的風行，以及2000年後智慧手機的普及，手機上網、下載軟體、使用社群軟體等，已經成為普羅大眾的基本能力。那麼問題是同樣的路徑對應到人工智慧的進程，人工智慧到底目前仍是停留在專業人員才會碰到或需要知道的東西，還是一如手機準備飛入尋常百姓家呢？

　　從之前介紹的案例來看，大家或許會覺得要嘛就是要用到大型超級電腦、要不就是大部頭的工業用設備，人工智慧不要說離我們個人還很遙遠，即使離企業應用似乎也仍有一段距離。事實上也確實如此，直到2016年，對許多人來說算是橫空出世的AlphaGo，以四比一擊敗圍棋世界棋王李世乭後，人工智慧就有點像當年網際網路的初露臉，預示著它不再只是象牙塔裡的玩具了。

　　或許有人會說之前的介紹中，人工智慧不早在1997年就

能擊敗西洋棋棋王，AlphaGo隔了十年後才贏圍棋棋王，又有何特別之處呢？事實上確實有人試著將擊敗西洋棋棋王的深藍技術應用在圍棋上，但結果是連一個一般的專業圍棋手都打不贏，更遑論世界冠軍了。這裡面最大的區別在於，其一是圍棋遠比西洋棋複雜太多，差異處我們下一單元再來說明；第二則是AlphaGo背後使用的人工智慧技術，它並不是只能為圍棋所使用。最重要的是，它可以透過學習，做很多不同的事。

　　以AlphaGo的下一代AlphaGo Zero為例，分別花了幾小時到幾天，AlphaGo Zero就能學會西洋棋和日本象棋。試想，這樣的技術可以用的地方是不是很多？更重要的是，AlphaGo背後的人工智慧技術，今天是以類似網際網路的開放精神提供大家使用。換言之，假如我們想要做個人臉辨識的大門，只要訓練好可以出入人員的人臉，就可以輕鬆搞定。

　　人工智慧到了AlphaGo的世代，將不再科幻。事實上在現實世界裡，人工智慧會如同智慧手機一般，人人習以為常。

014　不是只會下棋的通用型人工智慧

　　當人類的圍棋棋王被人工智慧AlphaGo擊敗時，許多電腦科學家是不可置信的。因為從傳統的計算角度來看，那幾乎是天方夜譚。怎麼說呢？在圍棋中，平均每一個棋子就有兩百個可能的位置，但西洋棋僅僅二十個。因此棋手要琢磨下一步、再下一步、再下一步、……，那種複雜度是非常驚人的高。

　　那到底有多高呢？事實是圍棋的複雜可以高到10的170次方種可能。這個數字比整個宇宙中的原子數10的80次方，還多不知幾億億倍。即使今天手握全世界最強大的超級電腦，即使算到海枯石爛，也無法得到想要的結果。但是西洋棋的複雜度，就遠遠不及於圍棋的一毫。因此將西洋棋棋局抽象化、學習棋譜、搜尋更好的下一步棋等，都還在今天超級電腦的計算能力範圍內。

　　所以機器下贏人類西洋棋棋手，並不會讓電腦科學家太驚訝。但是圍棋，則一直是人工智慧領域的難解之謎。因為人類下圍棋，其智力並不只是用在戰術上的計算而已，還包括戰略的布局。這種布局在只有兩種棋子以及寬闊的棋盤上，其決定有時候更是一種經驗、一種創意、甚至更是一種直覺。所以戰勝圍棋棋王，這代表人工智慧勢必出現了翻天覆地的進展。

　　回顧1956年以來，自從人工智慧被正式定錨後，到底什麼是人工智慧呢？首先，我們認為只要機器具備類似人類行為的能力，應該就可當作是一種智慧的呈現。但這樣的東西可多了，不是嗎？例如偵測到煙霧就自動警示的煙霧警報器、生產線上反覆執行固定步驟的機器人、停車場自動辨識車牌的門禁管理系統等，都具備跟人類某種智慧相似的能力。那這些都算是人工智慧嗎？若從較嚴苛的角度來看，我們只能說它們確實是運用智慧科技的智慧產品。但要被冠上人工智慧AI這個名號，可能必須還要具備有更多類似人的智慧的特性。

　　這種像人類智慧一樣的特性，必須能夠從各種事件與數據中學習、發現關聯、建立規則並自動重現特定行為的能力，才是今日人工智慧的重要表徵。AlphaGo的成功，代表著具備執行類似人類一般智慧行為的通用人工智慧已經到來。理財服務的人工智慧表現得不比專家差；客戶服務可以由人工智慧幫忙；商品尋找可以透過人工智慧協助；無人汽車可以委託人工智慧駕駛等。一如網際網路，人工智慧勢必也會改變我們每個人。

圍棋一步的複雜度可能遠超過整個宇宙星辰的總數

015　未來：AI會善待我們嗎？

　　當人工智慧終於從科幻走入現實，展現出能夠從數據中自我學習的能力後，許多有識之士與企業洞燭機先，投入大量資源於人工智慧應用的研究與開發。但是另一批科學家或研究人員卻憂心忡忡，眼見比人類更強壯的機器人、計算更快的電腦、手握海量數據的網路，如今可以再具備過去沒有的自我學習能力、自主識別能力、甚至決策執行能力等，過去科幻電影中的天網、魔鬼終結者等，會不會真的也將出現在真實的世界中？

　　世界著名的物理學家，同時也是《時間簡史：從大爆炸到黑洞》（*A Brief History of Time: from the Big Bang to Black Holes*）一書的作者史蒂芬・霍金（Stephen Hawking），生前就曾針對人工智慧發出警訊。他認為今天的人工智慧，要嘛就是有史以來發生在人類身上最好的事情，要嘛就是最糟糕的事了，而且可能也會是最後一件事了。換言之，人類可能因為人工智慧而滅亡。電動車領導商特斯拉（Tesla）以及SpaceX的執行長伊隆・馬斯克（Elon Musk），同樣對於人工智慧可能產生的負面影響，也一直非常關注。他在2014年的推文中指出，人工智慧可能會比核武器更危險。面對人工智慧，人類必須格外小

心。2020年在回應《麻省理工學院科技評論》（*MIT Technology Review*）的一篇有關人工智慧文章時，馬斯克更指出對於所有人工智慧應進行更好的監管，包括他自己的公司。

　　人工智慧出現至今不過幾十年，依附所在的機器與電腦也不過百年。若從地球物種的進化角度來看，無論是其軀體（硬體）或智慧（軟體），人工智慧在如此短暫的時間，就進化出類似人類的智能。若依此速度下去，地球的主宰者會不會被人工智慧取代呢？2014年一本叫《超級智慧》」（*Superintelligence*）的書，由牛津大學哲學系教授尼克·伯斯特隆姆（Nick Bostrom）所著，正是碰觸到這個問題。當電腦可以透過自我學習不斷改善自身、透過網際網路掌握天下數據、透過社群網路學會群體合作，那麼人工智慧將可能超越人類智慧成為超級智慧。我們所創造的人工智慧，最終是否會取代我們。科幻電影中的智慧機器，似乎正要走入真實的世界。事實上，我們前文介紹到的人工智慧會議召集人之一的明斯基，他也曾經感嘆道，未來假如幸運的話，機器人或許會決定把人類當寵物留下來。

　　面對上述這些擔憂，與其擔心被取代或消滅，換個角度想，或許人類應該掌握人工智慧，並藉由此機會讓自己再次進化，而這也正是本書未來章節的主要重點。

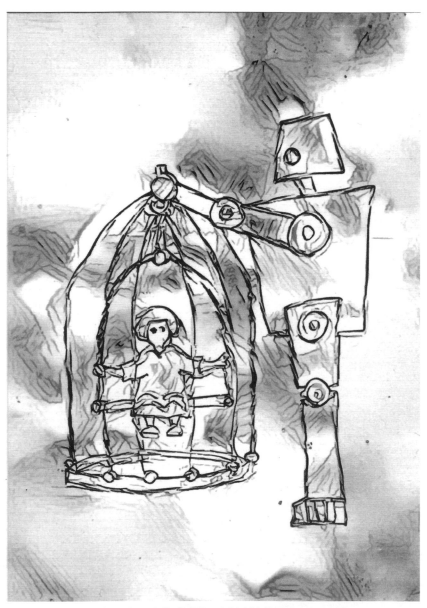

與其擔心被AI取代或消滅，人類應該藉此機會再次進化

第二章

人類的第二次進化

016　人類的第一次進化

　　正如著名的動物學家與人類學家亞歷山大・哈考特（Alexander H. Harcourt）所著《我們人類的進化：從走出非洲到主宰地球》（*HUMANKIND: How Biology and Geography Shape Human Diversity*）一書所呈現，現代人類從走出非洲到主宰地球，人類在這短短數百萬年裡經歷了許多次演化，這些演化基本上可說是屬於生理上的進化。

　　但是若從生理以外的角度來看，發明工具、使用工具的人類，就如肯尼斯・奧克利（Kenneth P. Oakley）發表於大英博物館自然史中的《*Man the Tool-maker*》所言，或許才算是進化成為現代人的重要標誌。這種生理之外取得的進化，具有特殊意義。因為這也可以看成是人類自己作主，而非天擇的第一次進化。

　　發明工具、使用工具，除了使得人類能夠獲取更多食物並提升生存能力外，一些研究同時也指出，使用工具正是促進人類腦部發展的重要因子之一。試想還在懵懵懂懂之初，第一批見識到使用工具威力的人類，可能會被激發出更多的想像，包括除了改善工具、創新工具外，如何善用工具並發展協作方式，進而提升狩獵成果等，這類比較偏向邏輯思考的人類，想

必也會逐步浮現。換言之，非天擇的第一次進化，同時也促成了人類思維的進化。

　　人類究竟經歷過幾次的非天擇進化呢？我們認為即使時至今日，人類仍然還在第一次進化這條路徑上前進。例如當人類開始運用獸力幫助農耕時，農業經濟也隨之而起；在工業革命時代，透過機械力幫助人類生產，工業經濟也開始改變世界；當人類進入數位時代，手機、網際網路的出現等，更創造出全新的數位經濟模式。但是若換個角度來看，上述每個階段除了工具變得更新穎外，不外乎仍然只是想盡辦法運用這些工具，或是提升生產力、或是改善協作等，人類思維實無太大改變。

發明工具、使用工具的人類是非天擇的第一次進化

017　為何第二次進化已經到來？

　　早在2014年，艾瑞克・布林優夫森（Erik Brynjolfsson）以及安德魯・麥克費（Andrew McAfee）就合著一本書名叫做《第二次機器時代：智慧科技如何改變人類的工作、經濟與未來？》（*The Second Machine Age: Work, Progress, and Prosperity in a Time of Brilliant Technology*）的書。書中從工業角度，將人類劃分成兩個機器時代。第一個是由工業革命揭開的第一次機器時代；第二個則是由智慧科技引領的第二次機器時代。書中討論在第一個機器時代裡，藍領勞工受到嚴重衝擊；而正在發生中的第二個機器時代，白領工作者會否成為下一個被取代的對象。然而，假如關注自2010年以來智慧科技，特別是人工智慧領域上的進展，我們認為與其如該書所說，這是兩個機器時代間的轉變，還不如說人類第二次非生理上的進化正在發生。

　　從本書前一章中所介紹的今日現實上的人工智慧，我們可以理解人工智慧已經不再只是一個傳統意義上的工具。人工智慧更像是一個能夠學習、幫忙解決問題，並供我們呼喚使用的「智慧代理人」（intelligent agent）。事實上這個智慧代理人不僅可以自我學習，更重要的是，它是一個手握來自個人、企

業、社群、網站等各類數據來源的千手觀音。這個數據千手觀音不但無所不包，同時還具備人類尚無法企及的四個度，分別是「速度」、「維度」、「強度」與「粒度」。

首先，在速度上，今天的人工智慧在面對海量數據時，能以遠勝人類數十億萬倍的速度來處理、計算與分析資料；在維度上，人工智慧遠遠超出人類僅有的五感，可以同時接收包括聲音、影像，或是各種來自物聯網（Internet of Things）感測器的資料如溫度、震動等，四面八方、成千上萬不同來源的數據正在發生；在強度上，人工智慧遠比人類強大，除了可以不眠不休、日以繼夜工作外，假如一台電腦不夠時，它還可以透過雲端計算（cloud computing）結合眾多計算資源，獲得以往一般人無法取得的計算強度；最後，在粒度上，是指人工智慧在面對數據的細節處上，也遠比人類還細緻。例如許多快到人眼無法關注到的影像，人工智慧卻可以將每一秒的過程，再分割成幾十個影像，縮小粒度讓許多細節處不會被錯過。

當人類進入到可以擁有自己的數據千手觀音，而其處理數據的速度、維度、強度與粒度都遠遠高於人類時，人工智慧正在促成人類的第二次思維進化。

018　AI孿生

　　前面我們稱呼人工智慧是一個能夠自我學習、解決問題並供我們呼喚使用的智慧代理人。一提到代理人，感覺上物理學家霍金與特斯拉執行長馬斯克對人工智慧的恐怖警告，似乎馬上浮現眼前。但是假如我們將這個智慧代理人，視為是自己的分身呢？人類的第二次進化，並不是長出新的器官或是新的能力，而是思維上的第二次轉變。而這個轉變我們將之稱為「AI孿生」（AI twin）。

　　所謂AI孿生，是指運用個人智慧（Human Intelligence，HI）並結合人工智慧，也就是HI+AI，去面對問題與挑戰的思維與能力。個人智慧包括我們個人學習到的知識，積累的能力、經驗、甚至直覺；人工智慧則賦予我們類比天眼通、神算子*等過去所沒有的數位超能力。AI孿生可以視為是每個人在數位世界中的另一個心智能力。這個新生成的能力，是我們過去幾千年、幾萬年來所沒有過的最新突變。

　　IBM的第一位女性執行長維吉妮亞．吉妮．羅梅緹

---

* 蔣敬，小說《水滸傳》中人物，梁山第五十三條好漢，精通書算，又能刺槍使棒，布陣排兵，人稱「神算子」。

（Virginia Ginni Rometty），對於人工智慧就曾說到「事實是人工智慧將增強我們的智能」。世界圍棋冠軍柯潔在輸給 AlphaGo 後，感慨道人類對圍棋已經積累了幾千年的知識與研究，然而人工智慧卻告訴我們，顯然人類對圍棋的皮毛都還沒全然揭開。柯潔認為人類和人工智慧聯手，將會開創一個新紀元，共同發現圍棋的真諦。同樣的情形，當今世界面臨許多巨大挑戰，包括氣候變遷、新病毒出現、城市治理到公共衛生等不同領域的問題，即使是最聰明的人也束手無策。這時候人腦攜手人工智慧，合作發現其中的規律和結構進而找出解法，可說是今日唯一可能的方向。因此第二次進化的概念，對所有人都至關重要。而其關鍵，就在於讓自己先接受並具備人工智慧思維，發展出自己的 AI 孿生。

所謂AI學生是指HI+AI：運用個人智慧並結合人工智慧

019　維修預警的 AI 孿生案例

　　AI 孿生的二次進化會是什麼樣子呢？我們先以一個簡單的案例來說明，案例中的主角是鑄造工廠的維護工程師。

　　鑄造是一種金屬加工的方法，在本案例中的工廠是利用砂作為鑄模材料。在生產過程中，隨著金屬冷卻後，需要將砂模脫膜以便取出鑄件。因此在翻砂鑄造工廠的自動輸送帶上，通常會利用馬達震動輸送帶，以便將砂模震碎。在這整個自動運行的過程中，最怕萬一馬達未如預期震動，或者馬達出現故障等，那麼輸送帶可能停止運行。鑄件不僅無法順利取出，生產線還可能為此需要停工。若停工時間過長，這對鑄造廠而言，自是相當大的損失。所以對於本案例中的工廠而言，傳統做法就是定期維護，盡量預防故障不要發生。然而大家應該也可以猜得到事情總有例外，剛剛維護完，並不代表在下次維護前，就不會發生故障。事實上最理想的事，應該是在故障快發生前就先預測得到，那就太理想了。然而維護工程師又非三頭六臂，怎麼可能事先預知呢？

　　對本案例中的工廠而言，要預測故障的發生，說簡單實在並不容易，但是要說難，其實也並不那麼困難。重點是只要能夠感受到震動馬達快不正常前的行為，自然可以提前預警。但

是要維護工程師能看出馬達震動的細微變化，實在已超出人類的能力。因此，本案例工廠在過去還是以定期維護作為主要手段。

　　若從AI孿生角度來看，在本案例中，我們為維護工程師加入數位攝影機。透過AI孿生隨時監控馬達的震動影像，並算出當下每秒震動頻率。AI孿生同時也學會震動頻率變化的各種情境，根據當下即時觀測結果，隨時提醒維護工程師，馬達的行為是否正在漸漸偏離正軌。如此，維護工程師儘管眼睛無法隨時盯住馬達，同時也欠缺看出震動頻率變化的能力，但是透過他的AI孿生，維護工程師創建出一種全新的能力。這個能力讓他可以同時掌控全廠所有的輸送帶馬達，在問題還沒發生前就提前預警並避免故障發生。所以，維護工程師，或者應該說鑄造工廠，透過AI孿生進化了。

020　畫家夢的AI孿生案例

　　在2018年10月25日佳士得（Christie's）拍賣會上，上演了一件傳奇。運用人工智慧創作的肖像畫，首次在世界藝術品拍賣的殿堂上進行拍賣。該件作品最終以超過43萬美元（約新台幣1千3百萬元）的價格拍出，創造出無名氣藝術家作品的新高價。

　　這幅作品名稱叫做「埃德蒙・貝拉米的畫像」（Portrait of Edmond Belamy），以朦朧手法呈現出一名身穿黑色西服外套的男士。至於畫中主角埃德蒙・貝拉米，則並非是一位真實存在的人。事實是這位男士是由人工智慧所創造出來。背後的創作者是三名在法國巴黎的二十多歲年輕人，他們成立Obvious藝術團體。透過運用「生成式對抗網路」（Generative Adversarial Network，GAN）的人工智慧技術，在學習超過一萬多幅十四到二十世紀的人像畫後，讓它模仿所創造出來的新作品。

　　對於這樣的作品，自然爭議頗多。例如作品的美學水準、背後是否存在創作思想等。姑且不論這些爭議，假如從AI孿生的角度來看，人工智慧可以賦予原來不具備畫印象派人物技能的我們，從此一償宿願，進化成為畫家。事實上不只是印象

派，人工智慧也可以具備古典派、甚至是日本浮世繪或中國山水畫等的繪畫能力。

以本書作者而言，從小就夢想成為畫家，但一直受限於能力而無法如願。因此在作者領導的人工智慧團隊下，發展出屬於自己繪畫能力的AI孿生。這個AI孿生很特別，首先它將手機轉化成毛筆，可以讓使用者將實景根據自己的心意，揮灑出具中國水墨效果的作品。AI孿生的第二步會先學習對應實景的色彩變化，再對之前生成的水墨畫作自動上色。由AI孿生協助創建的作品，不中不西、卻又自有特色（請見書末扉頁彩圖：AI孿生水墨App＋自主上色）。

AI孿生就如同《鋼鐵人》（*Iron Man*）的裝甲，可以與劇中主人翁合而為一成為超人；而作者的AI孿生則成為作者在虛擬世界裡的兄弟，協力創造出獨有的畫作。

另外本書中的其他插圖，則是由我們另一個Line-Art AI所創造。這個AI孿生在學會各式各樣的線條藝術後，再根據作者的隨手塗鴉，創造出各種不同風格的畫作。所以儘管作者不具繪畫天分，卻能透過人工智慧完成第二次進化，具備本來不可能擁有的新能力。

021　生產良率預測的AI孿生案例

工廠產品的生產過程中，儘管所有的製造程序一樣，也使用同樣的原物料、同樣的機台、同樣的現場操作人員等，但是生產出來的產品品質，卻不見得能保證每次都一樣。而產品的良率除了會影響聲譽外，同時也會造成生產成本的增加或是訂單交期的延遲。

為何產品會良率不一呢？這或許會是因為生產線上的機台運作久了，精準度受影響；或是工具鈍化；或是供應商提供的原物料略有差異；或是不同工班的人員習性不一等。所以儘管製程一樣，但結果就是會有所不同。

在本案例中的工廠，是以生產隱形眼鏡為主。工廠負責生產的副總經理經驗豐富，但是對於不同批次生產出來的產品，品質差異卻很大。假如在製造前，就可以事先知道該批產品的良率，甚至能夠事先調整相關製造參數並預測可能良率，那麼不就可以確保每次生產產品的品質。既可降低成本又可早日交貨給客戶，確保公司聲譽。

上述問題，在過去或許可以依靠副總的經驗去臆測。但是隨著訂單增加、產品種類變多、生產程序變得更複雜，要純粹靠人腦依經驗來預測，顯然越發不可能、也越不可靠。因此在

本案例中，我們決定運用人工智慧掌控所有過去與現場的生產數據，再加上產品類型、供應商、工班人員等所有資訊，發展出具備預測產品良率的AI孿生。從此本案例中的副總在每批產品生產前，都要求生產管理人員運用這個AI孿生，預測並調整生產程序相關參數，直到滿足預期良率後再行生產製造。

　　預測產品良率的AI孿生，不只可以幫助經驗豐富的工廠副總，更重要的是，它同時也助力工廠裡，經驗尚顯不足的生管人員演化出新能力，生產也才得以大幅改善。而這正是本書提到第二次進化的重要意涵。

022　改變思維是關鍵

　　前述三個案例,都是在發展出對應的AI學生,讓企業在某些能力上二次進化。那麼這是否意味著,要二次進化就得先掌握人工智慧技術?而這樣的認知,正造成不分科系、不分行業,全民都在學寫程式。在所有的程式語言中,這裡面最受歡迎的大概就屬Python了。因為跟人工智慧有關的所有技術,Python這個電腦語言幾乎都可以支持。那麼……所以大家真的都得去學程式語言,重點是還要學會寫出結合人工智慧技術的程式碼?

　　針對上述這個問題,或許我們先來回顧過去,看看之前一波最熱門的科技──網際網路以及行動計算(mobile computing)的軌跡。今天,從網路購物、資訊搜尋、Youtube、臉書、社群軟體、網路新聞、共享叫車、代送服務等,手機加網際網路不只改變了每個人的生活方式,它們同時也開啟了眾多的創新、創業機會。然而重點是,有多少人真的是學了網際網路程式設計與手機App開發,才創建出成功的網際網路商務模式?事實上是更多的人士並非資訊領域出身。所以到底是掌握技術比較關鍵,還是具備「網際網路思維」(Internet thinking)才更重要?

　　在這裡我們看見「技術」與「思維」兩個詞，亦即網際網路技術與網際網路思維。自然，它們絕對互不衝突，但卻代表兩個不同維度。技術這詞的意思自不待言，而思維的意思則可能較為模糊。本書中，思維是指：有意識地運用我們的大腦與知識，認知並理解周遭世界，從而做出妥善選擇並決定如何應對。若據此說法，網際網路思維可以定義如下：基於網際網路的特徵，運用網際網路概念與精神，面對需求提出應對方法。所謂網際網路特徵則包括：隨時隨地取得、內容為王、流量至上、個性化、快速反應、用戶體驗等。上述這些特徵是因為網際網路技術的支持才得以實現，但是要運用網際網路發展創新應用，懂得技術顯然不是關鍵，具備網際網路思維可能更加重要。

　　今天人工智慧的進程，一如網際網路當初的出現。而更有過之之處則是，人工智慧不只像網際網路改變應用或服務模式而已，它還會提升我們每個人的能力促成進化。所以會寫程式當然很好，但是具備人工智慧思維，才是大家更應關切的議題。

023 具備AI思維完成第二次進化

那麼到底什麼是AI思維呢？在介紹AI思維前，或許我們應該先進一步了解什麼是人工智慧。

對於人工智慧這樣快速進展的新興領域而言，許多過去的研究成果，今日可能不見得會被視為「夠」人工智慧。因此有人乃將人工智慧區分為「弱人工智慧」（weak AI）跟「強人工智慧」（strong AI）。所謂弱人工智慧，是指不具有類似人類感官與認知的能力，通常只能用來處理特定問題。例如智慧型冷氣機，會根據室溫與使用者位置，自動調整溫度、風速與風向等。若從強人工智慧的角度來看，上述的智慧冷氣機，顯然就「不夠」人工智慧。

儘管強人工智慧尚無一個能夠獲得所有人認同的定義，但是今天的人工智慧，已經具備執行一般類似人類智慧行為的能力。這種能力通常擁有以下幾項特質：

- 具備學習能力，得以在環境中辨識或預測可能情形；
- 能夠自動推理，在不熟悉的環境中做出判斷與行動；
- 能夠自動規劃，在隨著時間變動的環境中做出較佳的決定；

- 具備知識表示方法，用來積累並記錄學習所得的事實、關係、規則、經驗等；
- 具備自然語言能力，可以自行閱讀文件、進行溝通並理解對話背後的意思；
- 具備視覺能力，可以識別與追蹤物體並判斷發生事件。

　　將上面這些智慧能力與自己原有領域的應用需求結合，是AI學生的重要意義，而這正也是學習人工智慧思維的重要原因。人類第二次進化，不是被人工智慧取代，而是要結合人工智慧，擴增能力、創造新價值。

每個人都應該注入AI思維完成第二次進化

Part 2

AI 思維的關鍵

第三章

從解題變訓練

024　第一次進化：人具備解題能力

　　企業的營運過程中，為什麼人仍是成敗關鍵？其根本原因主要在於過程中永遠都會冒出新問題，而這些新問題有時候需要人才能解決。換個角度來看，企業一直是處在發現問題、解決問題的循環中。能帶領企業不斷跨越難關的管理者，必然也是解決問題能力極佳的人。這樣的人，如同前文所介紹，實屬第一次進化中的佼佼者。

　　事實上，每個人都具備有解決問題的能力，只是各自要解決的問題不同而已。並且這項能力的強弱，跟個人的學歷、聰明才智等並無絕對關聯，純粹是對於「工具」的掌控與運用程度。這裡的工具不僅包含有形的物件，也泛指任何無形的想法或知識。

　　舉例來說，當一部車子突然在路上發生熄火動彈不得，車主可能會依照維修手冊或過往經驗來找出問題所在，然後再根據手邊現有的資源及工具來解決該問題。有維修經驗或了解車子構造的車主，可能很快就能找出問題，並且動手排除問題；不知道如何處理的車主，就需要打電話請維修廠派人協助。所以，像是維修手冊、維修工具、手機、維修人員等，都屬於有形的工具；而維修經驗、對車子構造的知識、撥打維修廠電話

等，則是無形的工具。一般而言，若能越好地掌控與運用工具，則解決問題的能力自然也越強。

　　進一步細究這種能力的形成，其實與目前在教育界被熱烈討論的「運算思維」（computational thinking），有著異曲同工之妙。首先，以運算思維面對問題或挑戰時，會先將問題拆解成數個更小的問題，以降低複雜度。運算思維將此稱為「解構」（decomposition）的能力。緊接著從拆解的小問題中，逐一檢視是否存在過往熟悉的規律或模式。在運算思維中，這能力稱為「規律辨識」（pattern recognition）。再來我們會試圖將問題抽象化，以方便找出解決問題的步驟。前者在運算思維中，就稱為「抽象化」（abstraction）能力；後者則是稱為設計「演算法」（algorithm）的能力。

　　基本上，大部分解題能力強的人，都是具備類似上述的運算思維，來構築出自身的解決問題能力。而且那些解決問題能力強的人都有個特點，就是很會拆解問題，往往能將問題拆解到最容易解決的難易度與數量。這或許跟天分有關，但其實只要有足夠多的練習也同樣能達到，因此容易形成正向回饋。換言之，解決問題能力越強的人，越是仰賴這種模式，甚至已經內化成習慣。似乎他們的腦中都有一套模版：只要問題一出現，就立即將其拆解細分、探究該問題的原因並歸納出因果關係，最終建立一套解決該問題的執行步驟。

　　然而，這種模式在人工智慧出現後，還會是最好的模式嗎？就讓我們往下進一步探究吧。

025　解題：以人臉辨識為例

在現今資訊社會裡，我們經常得面臨如何證明「你就是你？」這個問題。而方法不外乎是採用「我才有的東西」，例如證件、印章，或是「我才知道的東西」，例如密碼、暗號等。不過，這些東西都可以被偽造、盜用，所以這些都不如「你」自己。另一方面，每個人都擁有自己獨一無二的生物特徵，像是臉孔、虹膜、指紋，甚至是DNA等。其中，臉孔相對其他生物特徵容易取得，也不需要近距離接觸。所以人臉辨識已被廣泛運用到門禁、安檢、監控等系統中，甚至已經能用「臉」來取款、付帳了。

事實上對於電腦而言，並無認識人臉的能力。因為在它看來，這些圖片只是一堆由「0」和「1」所組成的數據而已。遠在今天的人工智慧技術出現之前，透過電腦進行人臉辨識就早已開展。例如多年前台灣桃園機場的海關自動通關，就已開始使用人臉辨識技術。因此，想要讓電腦辨識人臉，從運算思維的解題角度會怎麼做呢？

首先，人類是怎麼辨識人臉呢？這個回答可以很複雜，也可以很簡單。從解題角度來看：當我們形容一個人長相的時候，一定會想這個人的眼睛長怎樣、鼻子長怎樣、嘴巴長怎樣

等。這就表示我們會用人臉上的五官，作為人臉辨識的特徵，並且記在腦海中。下次碰見這個人時，我們就可以從該人的長相，在腦海中回憶尋找對應。

可是，電腦分辨不出來怎樣才是瓜子臉、丹鳳眼、鷹勾鼻、櫻桃小嘴等我們形容五官的特徵。所以從解題的角度來看，電腦也應該從人臉中記取特徵。早期的解法是一開始先找到人臉所在的區域；接著再在該區域中找到眼角、鼻尖、嘴角等特徵點；最後將這些特徵點依照五官態樣連線。這些點和線就構成上述幾何數據的基本要素，例如兩個瞳孔間的距離長度、瞳孔與鼻尖的夾角角度等，統稱為人臉的特徵值。要能夠被電腦認出來的人，其人臉的特徵值就必須先被取得並存入資料庫中。

接著，我們是如何認出一個人呢？首先也是根據他的五官特徵，再跟我們腦海中的人臉進行比對，看是否有相似到一定程度的人臉與之對應。依此概念，對應辨識某人的步驟是：電腦首先取得此人的人臉特徵值，再跟人臉資料庫中的所有特徵數據進行比對。一般而言，分數越高表示越相似。當比對分數高於一個既定數值時，就代表根據該人臉，電腦從資料庫中找到我們要的人了。

上述所介紹的人臉辨識方法，可說是一個典型以解題的方式來發展電腦程式的範例。但是這種人臉辨識的方法，會不會碰到難題呢？例如，我們大部分的人仍可以認出你熟悉的人，

儘管那個人可能戴著口罩或是用手遮住眼睛。但是上述的人臉辨識方法，還可以有效認出人臉來嗎？

026　AI思維第一步的改變：訓練

　　要讓電腦像人類一樣解決問題，除了前文所提到的基於運算思維外，另一種則是基於今天的人工智慧思維。這兩種思維雖然同樣都是讓電腦擁有解決問題的能力，不過運算思維是讓電腦照著設計好的步驟去解決問題；人工智慧思維，則是讓電腦經歷類似人類學習的過程，再由電腦根據自己產生的模型自動解決問題。這兩者差異何在呢，本單元我們仍以人臉辨識為例來說明之。

　　前文提到的人臉辨識方法，是根據人所設計好的步驟，採用人臉特徵來進行比對。但是碰到遮蔽部分五官的人臉或側臉時，這些特徵值便無法計算，從而無法比對資料庫中的數據。反觀我們人類，同樣情況下，卻還是有能力辨識出熟悉的人臉。這就表示我們辨識人臉的方式，並不是只依靠臉孔上的五官位置、形狀等特徵來識別。

　　事實上，人類顯然不是依靠運算思維的解題步驟來辨識人臉。換言之，面對複雜、變化多端或是模糊不清的問題，甚至連我們自己也都講不清時，就更不用說將問題抽象化成解題步驟了。所以這也說明了，儘管電腦計算能力很強大，但是在智慧方面卻一直無法跟人類相比。因為在運算思維下，它只是人

類設計解題步驟下的執行者。

　　既然我們無法將自身的解題方法完整地教給電腦，那期望它能像我們一樣，在沒有任何限制的條件下解決問題，無疑是緣木求魚。因此，換個角度思考，如果能讓電腦像人類一樣，透過學習解決問題，那麼電腦是不是就能自己產生解決問題的能力？答案很明顯，以前的電腦做不好也做不到。但今天的人工智慧最特別的地方，正是可以如此。只要提供有關的數據給人工智慧去學習，我們不再需要給出解題步驟，電腦自己就可以發展出一個解題模型。由於這個解題模型不再是依據給定的步驟來解題，因此它更能用於面對模糊不清、複雜且變化多端的問題。

027　AI思維下的人臉辨識

再回到電腦辨識人臉的問題上。基於運算思維所發展的人臉辨識，顯然無法辨識各種例外。這也是為什麼在海關自動通關時，應該沒有人會用手做鬼臉吧。那麼換成人工智慧思維，人臉辨識會怎麼做呢？真的在辨識上會更厲害嗎？

首先，人腦是怎樣學會辨識人臉呢？根據研究，這可能是與我們從小到大看過許多人臉的經驗有關。我們的腦海中，早已慢慢生出一個辨識人臉的模型。就像小嬰兒剛出生時，看東西還是模模糊糊的，只能依稀看得出輪廓，會把有眼睛與嘴巴的東西都當成是人。隨著看過的人越多，就慢慢能區分出不同的臉。因此，人工智慧辨識人臉的過程，第一步也是要餵給它看過許多人臉的圖片。

然而，人工智慧不可能只是看過許多的人臉圖片，就可以憑空產生辨識人臉的模型。今天的人工智慧，比較像是在模仿人類大腦中的神經元與網絡，稱為「神經網路」。在這個神經網路架構下，載入許多臉孔圖像後，經過學習會自動調整該神經網路。在此過程中，有用的關聯性會被保留甚至強化，而沒有用或少用的則會被剔除。最終，這個神經網路架構，就會變成能夠辨識人臉的模型。

　　不同於先前的解題方法，是從人臉中找出眼角、鼻尖、嘴角等特徵點，神經網路會從人臉上自動找出各種可能存在的細緻特徵，例如臉孔上各處充滿的線條最為明顯。再來這些特徵會隨著每一次學習而變得更加複雜，因為越往後端的特徵，會包含來自前端的特徵。前端的特徵通常是簡單的形態，例如矩形、稜角或光點等；而越到後端就複雜到可以看出人臉的部分特徵。至於後端的特徵包含了前端的哪些特徵，這些特徵各自占比多少等關聯性，則是根據它學習過的眾多人臉來自我調整。

　　上述模型用來辨識人臉時，簡單來說，就是先看看人臉圖片中的眼睛像不像某個人的眼睛，再看看圖片中的眉毛像不像那個人的眉毛。有越多的特徵相符合，就表示這張圖片中的人臉越有可能是目標對象。

　　進一步來看，正是因為神經網路用來辨識人臉的特徵相當廣泛，所以就算圖片中的人臉戴著口罩而看不到嘴巴與鼻子，或是遮住眼睛與額頭，神經網路模型還是可以根據人臉上的其他區域來辨識。從結果來看，經過學習的神經網路可以與人類一樣，在非約束環境下成功地進行人臉辨識。

　　訓練人工智慧學習辨識人臉，確實能夠產生辨識人臉的模型，不僅不再需要利用我們提供解題方法，同時在本書前面單元介紹的四個度——「速度」、「維度」、「強度」與「粒度」加持下，其辨識能力甚至會比我們人類更強。

擁有這樣的AI學生，是不是覺得很棒？

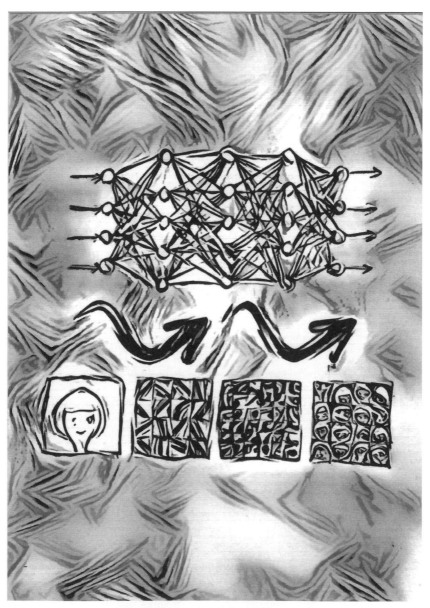

像人類大腦的神經網路：人臉特徵的辨識不是解題而是學習

028　像液體的貓

　　人工智慧透過學習建立人臉辨識模型，讀者假如還無法感受其強大處，那麼以下的案例，可能會讓大家更了解人工智慧在辨識上的威力。

　　眾所周知，貓是種可愛的小動物，有著獨特的個性及柔軟的身軀，經常變換著讓人難以想像的「姿勢」。甚至有科學家戲謔地用科學研究方式證明，「貓，其實是液體」的搞笑結論，還因此贏得了2017年的搞笑諾貝爾物理學獎。

　　不像人臉，基本上還有個橢圓形輪廓以及獨特的五官特徵，可以當作辨識條件。這樣「不定形體」的動物，是要如何讓電腦從圖片中辨識出來呢？若是基於運算思維概念來發展解題步驟，則必須要對貓進行詳細的定義。例如：尖耳朵、圓眼睛、四條腿、很多鬍鬚等，能跟其他動物區別開來的特徵。只要圖片中有物體符合這套規則，那麼該物體就是貓，而且規則越明確、完整，判斷正確的機率越高。

　　然而，面對一隻慵懶的貓、藏在被窩露出尾巴的貓、將身體扭曲成麻花的貓，可以想像要辨識這樣的貓，其定義得要多細微、規則得要多龐大、步驟會有多複雜。畢竟，貓是液體就表示用貓的身軀、體態等，來當作辨識特徵是行不通的。另一

方面貓的頭部表徵,也與許多動物差異不大。再加上貓又有許多品種,長相各有特色,更加難以準確地進行定義。那就更不用說在這樣定義下所形成的規則,一定是千瘡百孔,處處充滿漏洞。

人工智慧思維辨識貓,就像要讓一個孩子認識貓,只要在他看到貓這種動物時,就跟他說這是貓;而看到其他動物時,就跟他說這不是貓。久而久之,他就能區分貓應該要長成什麼樣,而只要不是長這樣的動物就不是貓。訓練人工智慧認識貓的過程,概念上也頗為類似。我們先蒐集各式各樣的貓圖片,並且給予「貓」這個標籤。同時也將一些不是貓的圖片,標註「不是貓」這個標籤。接著,用這些圖片讓電腦內的神經網路進行學習,最終就會從中學會辨別出與「貓」標籤有關的圖片特徵。之後,只要圖片內有這些辨識特徵,那麼人工智慧就會認為這張圖片內的動物是貓。在2012年6月,由在Google創建Google大腦項目的華裔科學家吳恩達領導下,透過從Youtube上隨機選取的一千萬段視頻學習,在沒有外界干預、指導的條件下,自主學習認識貓。而學習後的模型,可以成功地自動辨識那如液體型態的各種貓。

其實有越來越多像辨識貓這類型問題的解法,正從運算思維轉換為人工智慧思維。人工智慧可以從看似雜亂無章的數據中,自動建立規則。不再需要人類去拆解、剖析問題中的每一個細節。另一方面,人工智慧就像人類,也是透過學習獲得經

驗。因為在沒有揭示真正答案前,人類或人工智慧的回應也只能根據經驗預測。例如對只看過兩、三次貓的小孩而言,看到狗也會認為是貓,此時他的預測準確度還不高;但對大人而言,由於已經看過無數的動物,預測的準確度自然越來越高,所以可以直接說出這是貓或不是貓。人工智慧預測的準確度,也可以藉由學習持續改善。

　　試想,當越來越強大的人工智慧可以作為我們的分身時,那麼第二次進化也就指日可待。

要辨識像液體的貓只能是學習而非解題

029　第一次進化的優勢不利第二次進化

　　人類在進入工業時代後，不論生活還是工作，步調都在不斷地加快。基本上，已經沒有時間可以讓我們慢慢摸索、學習。因應這樣的變化，以企業發展的「標準作業程序」（Standard Operation Procedure，下稱SOP）為例，員工只要照著SOP做，就能得到一樣的結果。這不僅能縮短學習時間，更重要的是還能提高效率、防止不當，同時也能儲備技術。因此，對於許多企業來說，SOP是最基本、最有效的管理工具，同時也是企業知識的傳承方法。

　　一般而言，越是有規模的企業，其SOP也會越完整與越詳盡。企業發展SOP的做法，事實上就是一種運算思維的運用。透過建立明確的步驟來解決問題，的確可以為企業帶來優勢。因此越是經驗豐富的人員、團隊或組織，通常也越傾向以分解問題、建立步驟的角度來面對挑戰。

　　與運算思維不同，人工智慧思維是一種學習思維，透過大量數據訓練發展出解題模型。在訓練過程中，這個模型會逐漸自行轉變，最後儘管這個模型我們可能難以了解或分析，但卻可以直接用來幫我們解決問題。因此，人工智慧思維並不需要我們為它發展解題步驟。我們所面對的，反而是要如何提供有

用且足夠的數據，供電腦學習。

　　從本書對進化詮釋的角度來看，人類第一次的進化歷程，可以用運算思維總結之；至於第二次的進化，則是因為人工智慧思維才會發生。根據我們輔導企業數位轉型的經驗來看，越是解題能力強的，也就是說運算思維越高超的企業，在面對人工智慧思維時，也會越不知所措。從自然界進化的角度來看，這似乎也挺合理的。因為越是主宰當時代的物種，例如恐龍，可能也越難改變去面對環境的變遷。

　　人工智慧思維相比運算思維有一個明顯的差異，那就是我們不再想解題的步驟，而是在想如何取得足夠、有用且正確的數據，供人工智慧學習。這對於解題能力強的人，有時候是很令人抓狂的事。因為，解題會問 Why 與 How，蒐集數據卻是 What 與 Who。換言之，過去運算思維不佳的人員，在企業成為領導者的機會較低；但是人工智慧思維卻告訴我們，運算思維或許還是重要，但是假如你有個夠強的 AI 學生，那麼在企業的發展中，你同樣有機會和同儕並駕齊驅、甚至可以比同儕更強。

　　換言之，在第一次進化中所具有的優勢，有時候反而阻礙了第二次進化。如何將運算思維與人工智慧思維融合，是每個人都必須好好面對的課題。

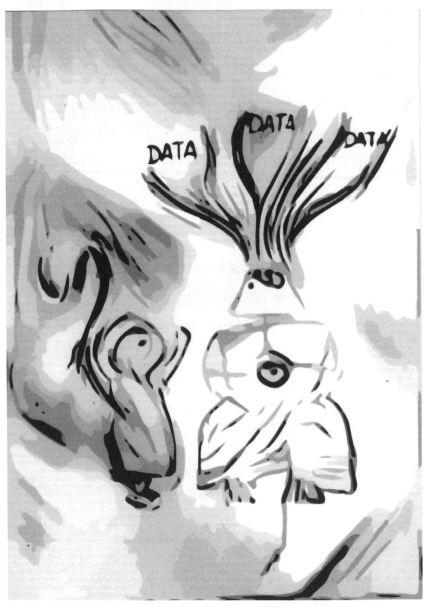

透過數據訓練是 AI 思維的第一步

第四章

AI 的五種能力

030　AI思維的五種力

　　前一單元中，我們提到人工智慧思維的第一個關鍵是——不用管如何解題、步驟是什麼；重要的是取得什麼數據、如何訓練。人工智慧思維的第二個關鍵則是，有那些AI^學生類型可供我們使用呢？也就是說，針對每個企業或個人，到底人工智慧可以有哪些能力？而這些能力運用在自己的領域時，又能發揮多大的功效呢？

　　為了解答這些問題，在本章各節中，我們總結過去幫助企業發展人工智慧應用的經驗，將人工智慧的應用能力，或者也就是AI^學生的類型，劃分為五種基本款，分別是：分類力、預測力、視覺力、語言力以及推理力。在後面各單元裡，我們會分別說明這些能力的特性，並且在每個能力後面介紹兩個案例，說明不同企業如何運用人工智慧思維的這五種力。

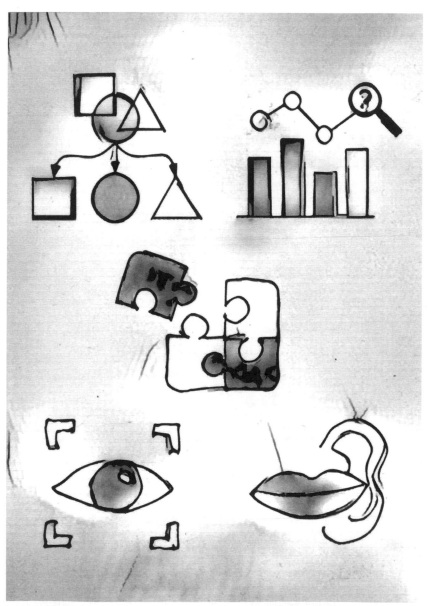

人工智慧思維下的五種力：分類力、預測力、視覺力、語言力、推理力

031　分類力

　　人類其實就像是一部高效能的分類機器，不斷地接收大量雜亂無章的數據與資訊，然後再加以簡化和組織。這是人類方便理解周遭，以及快速和別人溝通想法的方式。因為人類的數據處理能力實在有限，必須盡可能將複雜的世界抽象化，才能做出有效的判斷與回應。

　　舉例來說，我們一般只會將性別分成男女兩類，就算在雜誌上看到某位中性打扮、辨認不出其真實性別的人，也會不由自主地把他（她）歸類在男（女）性。大部分人不能、也不會用這是位男性成分比例占47%、女性成分比例占53%，這種很難瞬間理解的方式來辨別。

　　事實上性別分成兩類，本來就是人為建立的。但只有兩類還是可以比兩類多呢？這可以隨著每個人的經歷或知識積累而不同。換言之，分類的「邊界」是可以經由學習而改變。接續前例，說不定改天再看一次那本雜誌，是男、是女的認知，也會隨著自己的知識增長而修正。

　　人類除了可以用性別來分類外，事實上也可以用其他生物指標來分類，例如高矮、胖瘦等。另外，有時候面對不同的應用需求，也可以有不同的分類方式，例如像是地區、收入、宗

教、教育背景等不同數據來進行分類。既然分類可以經由不斷學習積累而來，那麼人工智慧思維中，具備能像人類一樣的分類能力，自然成為是發展AI學生的一種類型。不過，也如同本書之前提到人工智慧處理數據的四個度，它更能從數據中找出我們人類所無法看到的關聯性，進而發展出過去人類所不具備的分類能力。

目前人工智慧建立分類能力的方法，通常稱為「非監督式學習」（unsupervised learning）。什麼是非監督式學習呢？簡單來說，就是給人工智慧一堆數據，人工智慧根據這些數據透過訓練，發現哪些可以用來作為分類特徵。再將這些特徵作為分類依據，將所有數據實際分類後並評估分類結果。最後再決定，要用哪一個特徵來當分類依據，使得各類別內的數據彼此間具有最多的相同特徵。

我們每個人的世界觀，有時候是由各種分類邏輯所形成，讓我們覺得事情就應該是這個樣子，而且也早已根深蒂固，造成我們對問題的看法與解法都有所侷限。但是，對於採用非監督式學習的人工智慧，它就像一張白紙一樣，並不會受到我們人類既定的分類標籤所影響，而是自己從訓練數據中探索、學習。因此當數據種類複雜、維度多、數量又龐大時，人工智慧確實能夠發現超乎常人做不到的分類能力。而這種超乎我們人類的分類能力，在現實世界中，無論是對個人或企業，都可創造出極大的價值。

032　運用分類力協助市場區隔

　　行銷人員要發展行銷企劃，根據行銷策略流程的第一步就是「市場區隔」（segmentation）。必須先決定市場區隔，再衡量各個市場區隔的足量性與可接近性等。假設行銷人員對消費者進行問卷調查，問卷中蒐集到性別、年齡及消費金額三項數據，那麼自然可以很容易根據這三項數據找出特徵來分類。舉例來說，當行銷人員用性別區隔消費者的時候，結果可能如下：從性別來看，男性的平均年齡為二十七歲，平均消費金額為1400元；女性的平均年齡為二十五歲，平均消費金額為2300元，所以要將二十至三十歲的女性列為目標客群。

　　上述這樣的行銷建議，對企業來說用處可能不大。因為數據類型只有三個維度，這使得分類結果過於籠統，無法真實反映市場區隔。當數據中加上諸如消費習慣、喜好、居住地區、收入等條件再進行分類，則目標客群的特徵將有機會更加貼近真實市場區隔。例如，分類結果可能會變成如下：目標客群為二十八至四十歲的女性上班族，從事服務業，喜歡在特定節日消費。這樣的分類結果自然更精準，同時也才能讓行銷企劃的制定發揮出期望效果。

　　然而，實際上每增加一個數據維度，人員要進行交叉分析

的時間也會倍增。所以如果真的蒐集到如上所述更多維度的消費者數據時，即便是有經驗的行銷人員，即使花費再多時間，也很難找到解題步驟，分析出目標客群的特徵，進而做出好的市場區隔。此外，大部分的人畢竟很容易受到過往經驗的框限而產生認知上的偏頗，有時會不自覺地認為，市場就應該要這樣劃分，後續再慢慢從其他特徵來進一步驗證。上述這些問題早已超出人類現有能力，因此知道運用人工智慧思維中的分類力就很重要。

　　人工智慧不懼怕數據的複雜度、維度與數量，同時也可以不需要人類已知的經驗，自己就可以分類。也就是說，人工智慧不用靠人事先將消費者數據加上像是客戶等級的分類標籤，再讓它從中學習。人工智慧可以僅依據取得的數據，將有最多相似特徵者劃分為一類。由於這種分類並沒有人類的經驗參與其中，所以產生的分類結果也不會受到我們既定或有限的經驗所影響，而可能找出更好的市場區隔方式。另外，由於人工智慧在電腦上的運算速度遠比人類強大不知幾萬倍，可能只需幾分鐘就能完成數十位人員工作數天的分析結果，因此分類力等同可以在瞬間幫我們探索許多不同的可能性。

033   運用分類力建立交叉銷售

　　對企業與商家而言，要增加營收的方法，不外乎增加顧客的訂單數或是提高購買金額。而具體做法一般而言有兩種：一是追加銷售；另一則是交叉銷售。

　　追加銷售的方法就是提供刺激，促進顧客消費更多。例如提供更好的優惠，促成顧客提升原來想購買的商品等級；又或是根據顧客原本想購買的商品項目，提供優惠讓顧客追加購買相關配件或服務。業者可依自己的行銷規劃，選擇合適的追加銷售做法。

　　交叉銷售又稱購物籃分析（basket analysis），指的是讓顧客在原定的消費品項外，另行購買其他不見得相關的產品或服務。這就像去超市一樣，顧客會將採買的商品放在同一個購物籃中一起結帳。一個最有名的例子就是「啤酒與尿布」這兩個完全不搭嘎的商品，卻被男性（也就是爸爸）在購物時同時買下。這個案例是賣場人員在進行訂單分析後，發現貨架相隔很遠的啤酒和尿布，經常一起出現在同一筆訂單裡，而且大多是發生在星期五晚上。經過明查暗訪後，他們發現原來妻子總是在星期五上班前，叮囑自己的丈夫記得下班時買尿布回家。結果丈夫在買尿布的同時，通常也會順便買啤酒來犒勞自己。於

是，賣場員工試著在尿布的貨架旁也放上啤酒，結果啤酒的銷量大幅增加。

上述的案例，曾讓交叉銷售在商業界大受歡迎。例如信用卡公司不再只是信用卡服務，同時也做起商品的推薦銷售；郵局不再只是郵政服務，也開始賣起農產品與日用品。然而要做到精準的交叉銷售，事實上並不容易。如何從訂單數據中，發現商品間的關係並不容易。例如像是啤酒與尿布這類應該說相對簡單的商品關係，早就被人發現；而其他較難發現的關係，也就是說買了某種商品的顧客，還有多大機率還會買再什麼商品這樣的關係，就不是那麼容易可以確定了。因為這已經又變成是一個數據龐大、關係錯綜複雜、數據維度又高的分析問題。要靠我們人類找出解題步驟，實在是曠日廢時，同時可能也是一件無法做好的事。

上述這類型的問題正是人工智慧可以幫忙的地方。無論數據有多複雜、多龐大，透過如同前一單元介紹的非監督式學習，電腦可以運用分類力，自動歸結出具相似性的銷售類型。至於這些銷售類型怎麼來，已經不是由我們能決定的了。這些類型可能因人、事、時、地、物、金額、氣候、季節、交通、時局等，由人工智慧自行挖掘出來。因此將分類力用在銷售上，顯然可以取代許多過去人力所做不到的事，從而創造出更多的營收與獲利。

034　預測力

　　人類的智慧，有一大部分是來自於學習所獲得的經驗。這些習得的經驗，讓我們在面對未知時，可以先行預測再做反應。經驗這種形式的預測力，並不是超能力，也不是靈媒之類的人才做得到。

　　舉例來說，小孩子在碰到沒看過幾次的動物時，經常會問大人「這是什麼？」而大人的回答，就會成為他學到這種動物的知識。之後，當遇到長得很像他之前看過或學過的動物時，他就會從經驗判斷到底是貓還是狗。一開始這個判斷不一定正確，要看這隻動物有多像這個小孩子曾經看過或學過的動物。例如目前小孩只認得貓與狗，所以當看到老虎的圖片時，他可能會判斷成貓。在沒有揭示真正答案前，所有的回答自然都只是他的預測，而預測通常伴隨著準確度。當面對的動物種類越常見時，其預測準確度就可以逐步提升至百分之百。

　　事實上，上述有關預測的描述也會發生在企業中。例如有經驗的業務部主管，通常可以預測這個月的訂單數量大概有多少；生產管理部門的主管也可以大致猜測，還要幾天才能完成該訂單的生產。這些預測是經驗的累積，但經驗來自哪裡呢？我們可以說經驗就是數據的積累。就像小孩子認識貓狗一樣，

只不過企業的數據量更多、來源更加複雜,同時也會隨時間變化而不一致。隨著時間的拉長,人腦在不知不覺中利用這些數據,自行建構出一個預測模型。時間越長,或者說經驗越豐富後,預測模型的準確度自然會越來越高。

　　今天的人工智慧,一如上述描述的人類大腦,它也可以透過數據建立預測模型。只要提供足夠的貓狗照片,訓練後的人工智慧,在辨識貓狗的準確度上,幾乎不亞於真正的人類。再考慮電腦處理大量數據的四個度優勢,其實在面對更複雜的預測問題上,人工智慧的表現就不只是優於人類這麼簡單了,它甚至可以做出許多不可思議的預測應用。事實上,只要給出足夠的數據,人工智慧在訓練後也可以「算命」,這樣的算命可以用在企業經營、政府治理、工程設計、自然災害、醫藥研發等各種領域,幫助發現尚未發生的事情或可能出現的結果。

035　運用預測力改善膠囊生產過程

　　許多口服藥物與保健食品都會利用膠囊來封裝，不僅可以避免該藥物與味覺器官直接接觸引發噁心反應，也可以阻絕如水氣、空氣、光線等會造成藥物或保健食品變質的因素。膠囊另外也具有控制藥物釋放時機的功能。

　　但是，就這麼一顆小小的膠囊殼，其製造過程可不簡單。首先得先將製造膠囊的材料加熱溶解成合適黏稠度的膠液，再將膠液附著在膠囊形狀的模具表面上，等待乾燥成型後再從模具上剝離下來。膠囊製造完成後，還需要檢驗膠囊殼上下兩部分是否可以完全密合，同時外觀也不能有任何瑕疵。

　　在這整個生產過程中，膠液的黏稠度顯然會影響最終的膠囊品質。因為當黏稠度過低時，膠囊殼成型可能較差，而其強度也會不佳導致容易變形；黏稠度過高，又會造成膠液流動性低，不易均勻附著於模具表面，使得膠囊殼外皮出現皺摺、型變等。另外，由於每一個膠囊是要讓二個不同內徑的筒狀囊體相互嵌套而成，所以小內徑的筒狀囊體，其厚度必須在一定的範圍內。而且外部表面得有一定光滑度，才能穩固地套設於大內徑的筒狀囊體中。因此，要能生產良好品質的膠囊，就得先確定膠液的黏稠度是否合適。

　　一般而言，膠液是由明膠、澱粉以及纖維素衍生物等高分子原料溶解而成。由於本案例廠商的供應商不只一家，所提供的原料成分比例不見得全然一致，因此也就會影響到加熱溶解的過程。此外，溶解原料的加熱鍋爐也會因為運作時間及爐具特性，而有不同的溫度變化曲線。因此，即便本案例廠商的作業人員，每次皆依據相同的規範來投放原料與設定加熱鍋爐，也無法保證每次製備出來的膠液黏稠度會一致，從而影響到膠囊後面製程的品質穩定性。因此若能在每次加熱溶解原料前，可以事先預測出膠液的黏稠度，作業人員就可以根據預測調整加熱程序，進而確保膠液的黏稠度能夠達到所需目標。

　　為幫助此案例廠商，我們決定為之發展一個具預測能力的AI學生。首先本案例廠商提供以下數據，包含每批次生產的供應商原料代號、投入原料與輔料的配比與重量、加熱鍋爐的代號等數據。另外也提供每次生產過程中，由可程式化邏輯控制器（programmable logic controller，PLC）操控鍋爐的各項參數等數據。同時本案例廠商，也提供過往記錄下來的膠液黏稠度，以作為訓練人工智慧的目標值。利用上述所有數據，最終我們訓練出一個能在加熱溶解原料前，就可以事先預測膠液黏稠度的預測模型，而此模型的預測正確度高達85%。相較於先前無法事先預測，運用這個AI學生後，不僅讓廠商降低製造成本、有效提升加工效率，更重要的是能改善膠囊品質。

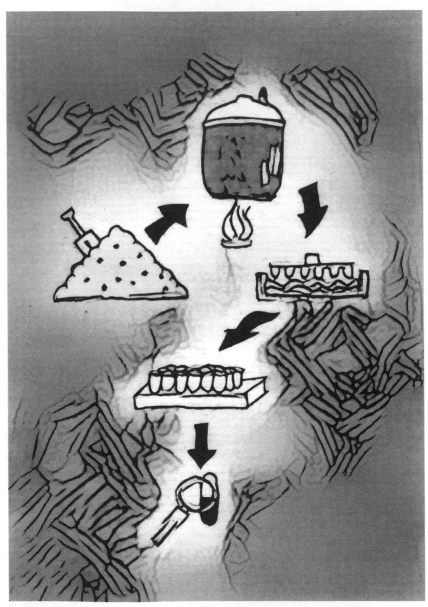

膠囊製程的第一步：原料溶解後的黏稠度會影響膠囊品質

036　運用預測力選擇材料配方

　　1935年，俗稱尼龍（Nylon）的聚醯胺被發明出來。由於具有耐磨損、良好的摩擦係數以及極佳的耐熱與耐衝擊等物理特性，使得尼龍不但被稱為工程塑膠——為最重要且最好用的工程熱塑材料之一，同時也在許多需要抗衝擊、高剛性及輕量化等要求的工業產品中，作為取代金屬的理想材料。

　　不過，尼龍可不是直接拿來用就好。它必須依照實際應用的條件及環境等要求進行改性，如增加強度、韌性、阻燃性等特定物理性質。舉例來說，像是軸承和空調風扇等元件，就要求尼龍聚合物材料需要具備高強度、高剛性及高尺寸穩定性。然而，在尼龍的改性過程中，技術人員必然會遇到顧此失彼的權衡問題。例如高剛性尼龍材料，通常需要添加玻璃纖維來提高材料的剛性。

　　但是，剛性和韌性是相對的，剛性的提升必然會帶來韌性的降低，造成材料的抗衝擊能力下降。此外，玻璃纖維會增加材料與機台元件的摩擦，所帶來的後果就是流動性下降，使得注塑壓力高、注塑溫度較高、注塑不滿與表面質量差等問題，導致成品的不良率居高不下，以及在加工過程中的熱氧降解，也會讓材料的力學性能降低。

　　事實上客戶對尼龍材料的物理特性要求，遠遠多於上述說明。這些物理特性，如高強度和抗衝擊性等，在選擇材料上通常會彼此衝突且不一致。因此為了要滿足客戶提出的特性需求，本案例廠商往往需要由研發單位建構出可用的配方模型，再藉由小量試作方式進行測試及調整配方。縱使經驗豐富的技術人員也需要試誤幾次，最終才能確定合乎規格的生產配方。因此本案例廠商假如可以運用預測力，事先預測各種配方組合下的物理特性，那麼除了可以大幅降低開發時程外，更重要的是，也可以避免研發人力經驗不足的窘境。

　　為了發展出上述的人工智慧模型，我們根據本案例廠商研發單位所提供的過往所有實驗內容，包含每一種組成材料的重量佔比、灰分成分、樹脂黏度以及產出之物理特性等，作為訓練人工智慧的數據。訓練後的模型，其預測準確度達到75%。

　　相較於以前採行的經驗試誤法，人工智慧不僅更加可靠及準確，而且還能進一步用來事先模擬各種配方組合，提供預測的物理特性值供研發單位參考，進而加快研發進程並節省開發成本。

　　許多製造過程經常會碰到魚與熊掌不可兼得而必須妥協的情況，如何正確且快速地獲得「兩害相權取其輕，兩利相權取其重」的完美解決方法，早已不是人力所能為了。但是藉由今天的人工智慧，學習製造過程中可取得的數據，實可降低成本、提升效率以及改善品質。由此可知，人工智慧的預測力絕

對會是製造業的一大助力。

037　視覺力

　　人類感知外界資訊的80%至90%是透過眼睛所獲得的。因為相較於其他四感：聽覺、嗅覺、味覺和觸覺，圖像所包含的資訊量，對人類來說是最巨大的。那麼，為機器裝上像人類一樣的「眼睛」，讓它也能向外界擷取圖像，是不是也就能像我們一樣看到外界事物？或者也能從這些圖像中獲得數據，再利用這些數據學習，從而具備新的能力？我們把上述這樣的能力，就稱為視覺力。

　　目前機器視覺技術已經相當成熟，也被廣泛應用在各個領域中。不需要太複雜判斷的作業，已經都能交由機器來處理。此外在生產過程中，機器視覺可以快速、一致、穩定且反覆地自動檢視，已經遠遠超過人的視覺能力。若結合高精度相機或是紅外線相機等，機器視覺更能做到人眼無法看到的細節。

　　人工智慧的視覺力，其實也是模仿人腦中的神經元網絡。像人類睜眼看外界一樣，學習許多圖像數據，最終才能辨識複雜的圖像內容。人工智慧的神經網路，可以不眠不休地學習並改進其能力，同時又具備計算上的四個度——速度、維度、強度與粒度等優勢，使得人工智慧視覺能力的應用，幾乎涵蓋各種領域，例如像是產品瑕疵辨識、庫存自動檢查、遠端設備維

修判讀，以及城市與機場的公共安全監控等。事實上，人工智慧的視覺力在許多方面早已超越人類，如何善用今天我們可以擁有的千里眼與顯微眼，是人工智慧思維中的重要課題。

038　運用視覺力自動讀取數值

　　「權衡知輕重，規矩定方圓。」量測的能力和工具，對於人類的文明與科技發展有著深遠的影響。尤其在工業化的今日，不論產品製造、規格判定或是器材維護等，都必須借助量測工具，才能獲得正確且客觀結果。由於量測效率不斷被要求提高，過去許多由目視判讀刻度數值的傳統量測工具，今天大都支持數位量測並直接將數值顯示於面板上。這種工具上的數位顯示面板，一般簡稱為「數顯」。這類數位測量工具，對使用者而言自然是好用許多。

　　通常量測後取得的數值需要被記錄下來，一般會存入資料庫中，以便後續比對或檢驗用。但若是一邊測量，一邊打入資料庫，在現實工作場域並不實際，特別是需要同時運用不同量測工具進行各種不同測量時。因此一般做法會一邊測量，一邊將結果寫在紙上。待完成所有檢測後，回到電腦上再一次性輸入所有數據。這樣的做法，顯然較浪費時間；但更麻煩的是，有時候還可能會將紙上密密麻麻的數據登錄錯誤。

　　本案例工廠在幫客戶做回廠維修服務時，即會面臨上述挑戰。本案例工廠的產品是軌道車輛的輪對。在出廠運行一段時間後，一如汽車需要做回廠維修。在決定維修程序前，需要

先測量輪對的各種數值，例如輪子的外緣直徑、軸徑、螺栓孔徑、唇厚等數十項量測項目。由於軌道車輛的輪對既大又重，部分結構又不易量測，因此還得分別用上幾種不同的量測工具，同時還需兩人一組共同作業。

　　兩人作業的一般做法是由一位人員使用量測工具進行測量，並唸出數顯上的數值讓另一位同仁記錄在紙上。最終待完成所有測量工作後，再回到電腦上將所有數據輸入資料庫中。其中，若是負責記錄的人員聽錯數值，又或是抄寫得太過潦草，都有可能導致數值錯誤，有時甚至還得重新再來量測一次。由於檢測項目極多，通常一組輪對的量測工作，需要花上十多分鐘才能完成。同時因為回廠維修需求量極大，但光是一組輪對就要花上這麼多時間量測，事實上這已成為回廠維修服務的主要瓶頸。

　　為了改善上述問題，運用人工智慧的視覺力，顯然會是一個好方法。首先，我們幫本案例工廠訓練出一套可以識別數顯上數字的AI學生。由於量測工具上的數顯數字是以「七段顯示器」呈現，也就是說，每個數字是由中間三個橫槓、左右各兩個直槓組合而成。例如3這個數字，是亮起三個橫槓以及右邊兩個直槓所構成。因此要訓練人工智慧認識這樣的數字，就需要先提供大量的數顯數字給人工智慧學習，以便建立出具備七段顯示器視覺力的模型。

　　當上述視覺力完成後，下一個問題則是該如何運用這樣的

能力呢？在此案例中，我們希望改由一位工作人員量測，並將數值寫入資料庫即可。這樣除了可以節省一位人力外，同時我們也希望可以提升整體測量效率。我們的做法是將具備七段顯示器視覺能力的AI學生與智慧眼鏡做結合。最早出名、大家耳熟能詳的智慧眼鏡，應該就是由Google開發的Google glasses。智慧眼鏡基本上可以看成是戴在眼睛上的智慧手機。透過語音或是簡易的按鈕，使用者可以操作智慧眼鏡一如使用智慧手機。

　　在本案例中，量測人員戴著智慧眼鏡。在量測過程中，當量測人員定睛於量測工具的數顯時，智慧眼鏡的照相機會自動擷取影像，再經由前述已經訓練好的七段顯示器視覺能力模型解讀其數值。但為避免人工智慧在辨識數值時發生錯誤，此時人工智慧模型會先將其辨認後的數值，以擴增實境（Augmented Reality，AR）的方式，呈現在眼鏡的畫面上。使用擴增實境做法，一來是不會影響量測人員的視覺感受；二來則可以待量測人員確認後，便即時存入資料庫中。

　　上述做法在本案例中，除具備視覺力外，同時更結合量測步驟與使用工具的識別。因此整個回廠維修的第一關，除了大幅降低過往花費的時間外，同時還可以減少人力，更重要的是量測數據的錯誤率也大幅降低。了解人工智慧的視覺力，確實擴增了過去該工廠所不具備的能力。

039 運用視覺力檢測電池極板瑕疵

根據國際能源總署（International Energy Agency，IEA）發表的《國際電動車展望》（*Global EV Outlook*）一文中指出，近年來已有不少國家在環保、減碳、拯救氣候變遷的目標下，宣布禁售燃油車的時間點，奠定電動車市場崛起的基礎。在眾多電動車類型中，電動自行車由於具備便宜、輕巧且不需駕照等特點，遂成為銀髮族、菜籃族以及學生所青睞的交通工具，而這些電動自行車所使用的動力來源，通常為鉛酸電池。

鉛酸電池早在十九世紀就被發明出來，且作為車輛曳引、備援等用途的電力來源。鉛酸電池結構相當簡單，係由極板、隔板以及電解液所組成。極板是採用被稱為格子體的網狀板材，再塗佈不同的活性物質在格子體網孔上。並且為了讓電池達到既定的放電效能，包含格子體與活性物質的成分、塗板及固化流程等，都必須按照製造及檢驗標準執行。特別是極板重量和厚度的一致性，以及活性物質塗佈的均勻性等，因為這些因素都關乎著電池的充放電效率。

然而活性物質在加工過程中，塗佈難免會有不均勻的情況發生。通常只要在可容許範圍內，該極板仍可視為良品。問題是極板上的格子既多，顏色又不易區分，檢驗人員要一一靠目

測檢驗，實在是一件既費力又費心的事。此外透過人為目測檢驗頗為主觀，每位檢測人員的評斷標準都不一樣。無論是過於嚴格或過於鬆懈，皆不利於企業。因為過於嚴苛會影響企業獲利，過於鬆懈則會影響產品品質。

面對本案例廠商的挑戰，從人工智慧思維出發，可以想見我們運用了視覺力。首先，我們蒐集許多塗佈不均的極板，在其不良的格子體上加註標記，並用這些極板來訓練AI學生。訓練後的檢測模型，不僅能準確辨識出塗佈不均的極板，甚至還能自動估算出極板上塗料的不均勻比例。本案例成果除了直接幫助廠商降低用人成本外，同時也因為可以確保其產品品質，讓客戶滿意度大幅提升，從而訂單源源不絕。

透過人工智慧的視覺力，AI學生在檢驗上除了可以不眠不休地工作外，在精確度與評斷標準上，更不用擔心會發生疏失。人工智慧的視覺力，顯然是製造業在品質檢查中的一大利器。

視覺力自動檢測電池極板瑕疵

040　語言力

　　對人類而言，看得見固然重要，但是人與人彼此間的意識
交流，語言可說是目前唯一的工具。要能聽得懂一種語言、看
得懂一種文字，身為人類的我們也需要從小就開始學習。因此
當人類需要與人工智慧溝通，或者人工智慧要能理解我們，語
言力就成了人工智慧思維中的重要一環。

　　語言力不只是聽與說的能力而已，還包含對一段話或一段
文字背後意義的理解。而這又涉及到對詞彙、文法以及語意等
的認知。人工智慧思維中的聽與說，主要是如何將聽到的話轉
變成數位文字，並存到電腦中以供之後的人工智慧運用，這也
就是我們常常聽說的「語音轉文字」（speech to text）能力；反
之則是將由人工智慧產出的數位文字由電腦唸出來，也就是
「文字轉語音」（text to speech）的能力。

　　即使是上述這兩種這麼機械化的動作，在以前對電腦而言
也挺困難的。因為除了每個人說話各有口音外，當電腦面對同
音字或詞要如何判讀，這涉及到它對對話前後文的理解程度。
而電腦要唸出像人類抑揚頓挫有感情、有溫度的話，更是需要
能夠從對話中辨識出情緒。

　　人工智慧的語言力，除了要能文字轉語音或語音轉文字

外，更重要的是要能從一段對話中或一篇文章裡，理解其背後的意義。事實上要了解對話或文字背後的意思並不容易，因為即使撇開詞彙與文法，人類在聊天、演講、對話、撰寫文件時，有時還會引經據典、利用隱喻或是明褒暗貶等語法，這對於機器而言實在太難理解了。在這方面的人工智慧語言能力，稱為「自然語言處理」。所謂自然語言就是指人類的語言，例如中文、英文、法文等。而自然語言處理則是指透過訓練，人工智慧可以學會理解人類所說的語言。

　　電腦對於語言的認識，過去做法是拆解語句中的詞彙，再套入事先建好的規則或模式，慢慢累積出機器的語言能力，它就能聽懂如「打開門」、「打開燈」等這樣的命令。但是對於電腦沒有學過的規則，從人類角度而言應該聽得懂的語句，如「把燈打開」這樣的說法，電腦可能就聽不懂了。上述這類問題，藉著新一代人工智慧技術已經能夠處理。而人工智慧的語言力，也已經逐步能讓機器聽懂，並能夠跟我們對話。它可以跟我們聊天、幫我們翻譯、聽我們指揮等。

　　人工智慧的語言力，也徹底解放使用者的雙手，不用再按按鈕或是打鍵盤來操作系統。同時，語言力下的AI學生，就像《鋼鐵人》電影中的人工智慧管家賈維斯（Jarvis）或者稱為「虛擬助理」（virtual assistant）一樣，可以無時無刻隨侍在旁，幫助我們查資料、排行程、接電話。語言力是人工智慧思維中非常重要的一環。

041　運用語言力協助場館導覽

　　美術館或博物館等展場中，為了讓參觀者更好體驗展出的內容，通常會安排導覽人員帶領，一路參觀並實際解說。但是現實上，參觀者有時候就是常常跟不上隊伍，或是當有問題想詢問時，但導覽人員無法即時回答。因此一般而言，參觀者體驗的好與不好，實與導覽人員有密切的關係。

　　東海大學的圓廳是一個圓形建築，內牆利用環場投影，創造出沉浸式的體驗效果，讓參觀者身處圓廳中，卻可感受歷歷在目的虛擬內容。然而這樣的場域設計，卻也造成現場導覽人員與內容互動的困難。因為圓廳的設計是參觀者不動，對應的內容以及其場景在轉變。面對上述的挑戰，我們乃從人工智慧思維的語言力，作為創意發想的出發點。

　　首先，我們將圓廳設想成一個AI學生，這個AI學生就是圓廳。換言之，圓廳裡的參觀者可以跟它對話。我們將這個AI學生叫做「小東」。小東會聆聽我們的要求，帶領我們去到期望的內容與場景，無論是播放校史短片、還是校園現場實景轉播等，小東都會隨侍在側，讓參觀者「動口不動腳」。甚至當我們跟小東說現場有某某貴賓到場時，它也會主動打招呼。

　　在本案例中，將圓廳擬人化是一種巧思，但是要如何與之

互動才是挑戰。透過運用人工智慧的語言力，讓參觀者跟它用
人類的自然語言互動，可以大大提升參觀者的體驗，這就是人
工智慧思維的價值。

會講話的虛擬導覽員

042　運用語言力自動審查規格

　　在前面單元38「運用視覺力自動讀取數值」的案例中，運用人工智慧的視覺力，辨識數位顯示器上的測量數值，除了可以減少人力配置外，最重要的是也會自動將量測數據正確存入資料庫中。對本案例廠商而言，這波作業的改善自然重要。但是當量測數據存入資料庫後，他們還必須面對下一個更繁瑣的問題。這個問題主要是發生在作業人員必須根據產品規格書、修訂版以及客戶特殊需求等，逐一確認量測到的數據是否符合規定並產生檢驗報告。其後主管確認各項程序是否完備，以及是否符合維修規定，再決定後續的維修作業。

　　可想而知，上述這個過程得耗費許多時間及人力，因為無論是產品規格書、修訂版或客戶特殊需求等文件，內容既多，條目也繁雜。更麻煩的是，同一規格在產品規格書、修訂版以及客戶特殊需求裡可能並不一致。要遵循哪個標準，還需細細閱讀並理解這些文件內容。因此儘管我們幫他們透過視覺力改善了第一段的工作，但是視覺力對第二段工作顯然無所助益。

　　面對新的挑戰，我們決定運用語言力來發展一個自己可以閱讀產品規格書、修訂版以及客戶特殊需求文件的AI學生。透過學會閱讀這些文件後，這個AI學生成為撰寫檢驗報告的

高手。首先，它能夠自己進入資料庫取得所有量測數值，再根據回廠維修代號，自行調閱所有相關文件。這個AI學生會依據檢驗需求以及相關版本間的優先順序關係，閱讀並理解所有相關規則後，再自動判讀測量數據是否符合規定。

在過去，本案例廠商執行這段工作時，所需花費的時間既長，檢驗報告又容易出錯。因此一來影響業務的承接時效，二來錯誤的檢驗報告會造成維修誤判。維修誤判有時候不只是財務損失而已，更嚴重時甚至會造成顧客傷害。因此在利用人工智慧的語言力後，這段工作交由AI學生執行，不僅減省成本，更重要的是大幅提升接單時效，同時又降低人為失誤，可說是大大擴增了本案例公司的能力。

在前一單元與本單元的案例裡，一是在「聽得懂人話」、二是在「看得懂文件」。希望這兩則實際案例可以幫助讀者體會到，如何運用人工智慧思維中的視覺力與語言力。

043　推理力

前面單元所提到四種力——分類力、預測力、視覺力以及語言力等，是人類另一項重要能力——推理能力的基礎。推理力是指能夠像人類解決問題一樣，透過分析、辨識、判別等，從整體中找出最好或最可行的指引方向。

以棋類遊戲為例，就是一個最好的推理力例子。下棋不僅需要預測對手的下一步走法，還需要推敲對手如何因應自己的這一步走法，從而調整策略。眾所皆知，目前人工智慧已經稱霸所有棋類遊戲，也逐一在需要推理策略的電玩遊戲上掌握勝局。而這正也是人工智慧思維中的另一項特徵，透過計算的四個度優勢，人工智慧可以學會推理，進而協助我們做出更符合挑戰的因應方案。

有了包含推理力的五種力，我們人類才得以第二次進化。

044　運用推理力篩選布料設計樣式

　　蕾絲是一種有著朦朧美感的透網織物，也是最常被用在女性服飾上的點綴物和面料。不論是簡單或繁複的花紋、素雅或華美的鏤空，都具有獨特的魅力。不過，這魅力的背後可是有著比織布更為繁瑣、細緻的製程。每一種花樣、紋路，都是依循設計師所繪製的設計圖，用紗線反覆進行打結、交錯、撚繞、轉折等精細步驟製作而成。隨著科技進步，電腦也應用到紡織工業中，不僅能讓紡織機器按照設計圖製作出蕾絲，而且還能協助蕾絲設計師，快速修改花紋樣式與紋路，使得蕾絲的製造花紋變化萬千。

　　今天的產業模式許多已逐漸變成拉動式生產，亦即從市場需求出發，製造商再依據需求進行生產。而能夠支持生產多樣式花紋的蕾絲織物，對製造商而言顯然是必須面對的挑戰。其中，根據客戶提供的草圖、甚至是模特兒照片，推論出最相似的花紋設計，這是關鍵的第一步。因為惟有建議的花紋樣式越接近客戶期望，才能讓自家設計師以最小變動幅度方式，進行修改並滿足客戶需求。

　　以本案例廠商為例，他們以花紋類型、材質、顏色等，將設計樣式編排成型錄，並供設計師在面對客戶提供的草圖或照

片時，可以從中搜尋並挑選出滿足客戶期望的花紋樣式。對於設計師而言，由於客戶提供的只是草圖或照片，其對設計的期望有時候實在過於模糊。因此，設計師必須要能從型錄中，搜尋並篩選出客戶可以接受的花紋樣式。

　　為了解決這個挑戰，運用人工智慧的推理力來協助設計師進行挑選決策，是我們提出的做法。首先透過訓練人工智慧模型，認識該廠商現有的所有花紋樣式。同時再根據設計師的挑選結果，逐步訓練人工智慧模型具備類似設計師的推論方式。在訓練完成後，這個AI學生就像是設計師的小徒弟一樣，具備類似其師傅的搜尋與篩選能力。

　　在實務應用上，本案例公司當收到客戶提供的照片或草圖後，透過我們幫其發展的AI學生，以極少的時間自動從型錄中，篩選出多個它認為符合的花紋樣式，而設計師則再從這些AI學生推薦的花紋樣式中，挑選出他認為最適合的設計。如此不僅可以節省設計師的寶貴時間，更重要的是，可以快速反應客戶，獲得更好的訂單機會。

045　運用推理力推論訂單數量

　　全球化為企業帶來了更多的商機，卻也讓上下游供應鏈體系必須結合得更緊密。尤其對於供應鏈的上游廠商而言，交貨時間被高度壓縮。為了滿足下游廠商的訂單交期，無論是物料採購或生產排程等，都不是一件容易的事。為了讓上下游供應鏈體系的相關廠商可以做好規劃以免造成中間斷鏈，廠商通常會對其供應商定期提供需求的「滾動預測」（rolling forecast），幫助其供應商事先準備，以便在接收到訂單時可以準時交貨。

　　然而，以本案例廠商來說，因為其客戶提供的滾動預測常常不準確，但其所需準備的生產原物料成本既高、交期又久。更麻煩的是這個原物料供應商為外國公司，由於需求者眾，因此並不接受本案例廠商的預測所需。換言之，要下單多少最好是越早知道越好，否則可能屆時會因缺料而無法生產。或許有讀者會建議，乾脆事先大量採購並將之庫存起來以備不時之需，就不用擔心生產時缺料了。但是此原物料成本極高，庫存會造成成本大幅增加。而風險更高的是，當本案例廠商的客戶變更採購需求時，此項庫存很可能就變成呆料，造成更大的損失。因此如何根據市場狀況、客戶提供的滾動預測等，來推論

出本季所需準備採購的物料與生產排程，一直是本案例廠商的重要挑戰。

面對此一挑戰，本案例廠商的做法，可能也是今天大部分中小企業的做法，就是依靠一位經驗豐富的人，在此案例中是其業務副總經理，每個月推論出一個可能的需求數量，再依此數量展開生產計畫。此方法並無不當，只是考慮到未來若此人離職或退休，同時若無人接班，那麼問題就會變得非常嚴重。另外，近年來在進入以顧客為中心的商務時代下，市場瞬息萬變、客製化需求更是不能避免。透過人的經驗來推論，可能會越來越失之準確，甚至發生嚴重誤判，造成重大損失。

面對這個問題，我們首先根據該廠商所提供的所有過往數據，包括客戶每一時期的滾動預測、實際訂單、產品規格、生產數據、物料數據、交貨日期等，並將對應之時間因素、季節因素等其他外部數據，一併用來訓練我們幫他們發展的人工智慧模型。期望發展出一個可以抽絲剝繭、細心推理的AI學生，用來協助本案例廠商，估算出較為準確的需求數量。最後我們發展出來的AI學生，其推理力不僅不下於其業務副總，事實上在很多情況下更為準確。而這樣的結果自然比其他競爭對手更具優勢。

透過此案例可以知道，人工智慧的推理力不僅能協助企業決策，而且有時候還能更優於所謂的經驗。這除了是因為人工智慧具備對數據處理的速度、維度、強度與粒度等優勢外，更

重要的是，人工智慧不懼怕數據的複雜度與數量，也不需要人類已知的經驗，而是從數據的千絲萬縷中，找出不易發現卻頗為重要的因果關係。因此理解人工智慧的推理能力，是人工智慧思維的重要一環。

　　至此，我們已經介紹完人工智慧的五種力以及其相關案例，再來我們將為各位說明人工智慧中，四個以「自」為開頭的智慧層級。

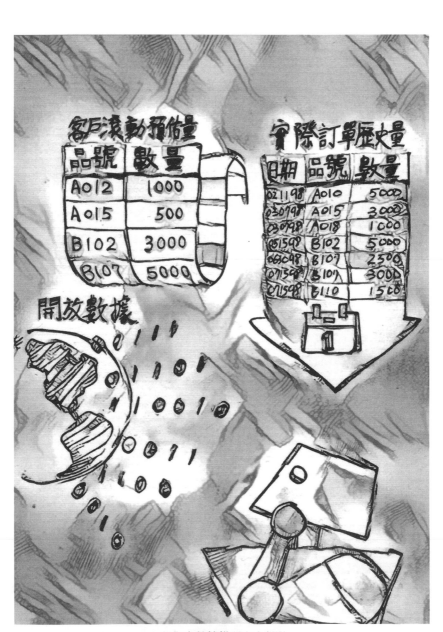

從各方數據推理未來訂單

第五章

AI 的四種智慧程度

046　AI思維的四個自

　　本書前面所介紹的人工智慧五種能力，可以想像成是人工智慧能夠實現的五大本事。但是這五大本事各是一項單一能力，若要論智慧所呈現的差異等級，從人工智慧思維角度來看，則可分成「自動」、「自學」、「自主」及「自覺」等四個層次。往後各單元將分別介紹，並以實際案例來闡述人工智慧思維下的四個不同的「自」。

人工智慧思維下的四個自：自動、自學、自主及自覺

047　自動

　　自動這個概念早就廣為一般大眾所認知，通常是指利用機械、電子或電腦等設備，讓受控對象按照設定規則自行運作。例如馬桶水箱在每一次排水後，會透過進水器自動注水，並在水位達到預定高度後，自動停止注水。此類裝置的運行由於判斷簡單、工作單一，因此儘管算是一種自動，卻不能算是有智慧的自動。

　　換一個例子來看，目前車輛大多數配備有駐車雷達系統。此系統通常會用不同頻率的聲音，來警示駕駛離周遭障礙物有多遠，協助駕駛在停車或倒車時避免發生碰撞。這樣的系統儘管可以自動告知距離，但是也不能算是一種有智慧的自動。我們認為在人工智慧思維下的自動，應該不只是「有發生或無發生」、「存在或不存在」等這類等級的自動。而是能夠做出更聰明的判斷，並根據判斷自動做出有意義的反應。

　　若仍以馬桶水箱為例，在現今的自動機制下，假如水閥故障，馬桶會一直不停注水，因為水位永遠無法達到設定高度。但是一個智慧的自動馬桶水箱，應該可以利用其他數據，例如注水時間、水流速度或是開關狀態等，透過訓練後，建立出發現馬桶水箱故障的模型，從而能夠自動判斷是否該停止注水、

還是該發出警示。至於汽車的駐車雷達系統，今天的自動已經不只是發出距離警示聲音而已，許多汽車廠更是強化其智慧的自動，做到能夠自動煞車防止碰撞。

所以同樣是自動，人工智慧思維下的自動，不再只是狀態判斷或是執行簡單的固定行為。人工智慧思維下的自動是指任務或許仍然單純，但是其行為卻足以應付各種事先無法預期會發生的狀態。

048　自動檢驗輪胎機器人

　　如同單元8「第一個機器臂」中的介紹，自從1961年Unimate正式被通用汽車採用，成為全世界第一個被實際運用於生產線上的機器人後，「自動化生產」的時代就悄然來臨。事實上，自動化生產中的自動兩字，早期就是根據設計好的程序，讓機器與設備按照步驟運行。而這與馬桶水箱的自動注水相比，儘管複雜千萬倍以上，但在自動概念的層級上卻差不了太多。

　　然而隨著近年來機器人的發展，機器人的智慧等級也突飛猛進。包括從軍事、醫療、生產、建築、服務到家庭機器人等，真是不一而足。這裡面包括了波士頓動力公司（Boston Dynamics）著名的工業用機器狗Spot，或是鴻海公司製造的類人型服務機器人Pepper等，有些機器人的任務目標可能仍然簡單且固定，但是在運行時卻能根據現實狀態隨機應變。在本案例中我們特別介紹一款由「優艾智合」（YOUIBOT）公司推出的特殊用途機器人。

　　根據調查，中國各主要城市搭乘公車的人口比例約在40%至60%，也就是說每天有數以億計以上的人乘坐巴士出行，因此巴士的檢查與維護相當重要。其中由於路面的例外情況很

多，隨時可能造成輪胎受損，從而造成嚴重的公共安全問題。因此車輛除了定期檢查外，假如能夠讓車輛在非營運時間得以接受檢查，自然可以提高車輛本身的安全性。然而要做到隨時檢查車輛，這是一件既困難又費成本的事。優艾智合公司在2017年推出一款機器人，其任務主要就是在自動檢查巴士輪胎。

　　每當到了非營運時間，巴士停在停車場時，機器人便會從充電站自動出發，透過定位導航移動到停車場。再透過車輛識別方法，自動找到車輛位置。緊接著機器人會自動繞行該車輛一周，並伸出帶有檢測工具的機械手臂，繞行輪胎一圈進行檢測。完畢後機器人會再移動至下一個輪胎，緊接著再檢測下一輛車。檢測過程中的所有資料，包含車牌、哪一個輪胎以及其狀態等，都會上傳到雲端資料庫並彙整成報表。工作人員隔天可以根據報表，對有隱憂的輪胎進行維護或更換。

　　優艾智合公司的機器人，功能雖然單一，但是其面對的自動需求卻不容易。因為在現實的檢修過程中，存在許多模糊的可能，而不是簡單的狀態判斷或是一成不變的行為執行。所以人工智慧思維底下的自動，可以說是一種智慧的展現。

049　自動發票錄入

　　發票是所有企業員工常會面對的東西，特別是常常跑外面的業務、服務工程師、顧問等人員。因為無論是出差或公務消費等，事後報帳必然需要發票才能核銷。因此常常看到的情形是在月尾時，員工提供一疊疊發票給財務人員核銷。財務人員不僅需要製作會計傳票及歸檔，而且還得逐一校驗消費品項、金額等是否符合公司規定。這項工作既費時又費力，有些公司為了即時完成此類月尾才有的工作，有時不得不多聘請一些工作人員。

　　以中國大陸為例，各省市的發票形式不全然一樣。而交通工具種類又很多，其票據形式自然也都不同。對於許多企業而言，由於收到的發票種類繁多、數量又不少，若能自動將發票錄入資料庫中，顯然會是一個很吸引人的做法。然而要自動做到這件事，那麼就必須是一種很聰明的自動。因為它要能夠學會自動辨識各類型發票、單據、票根等，同時還要能自動讀懂日期、金額、項目名稱等各類型數據。而且有時候一張一張發票辨識也很費時，若能自動同時錄入排成一排的發票，豈不更自動、更快捷、更方便？

　　中國大陸「睿琪軟體公司」推出的「票小秘」App，就是

一款支持自動發票錄入的智慧服務。員工只要用手機對著一字排開的發票拍照,便能立即識別該發票以及上面的數據,完全不用再靠人工打字輸入。等到要報帳時,再勾選相關發票,即可自動產生報帳表單。除了大幅簡化員工報帳程序外,同時也有效減少財務人員的工作量,並加快相關財務結算工作。

　　本案例中的自動,儘管與前一個案例中的自動不同,但是在結合視覺力與語言力下,兩者的自動都呈現出比以前的自動更加智慧化的行為,而這才是今天我們所說的人工智慧思維下的自動。

050　自學

　　當「自動」夠智慧化後，是否就可以涵蓋所有的人工智慧思維呢？問題是萬事萬物不可能一成不變，假如不能與時俱進，那麼自動又有何益？以今天的汽車自動停車系統為例，我們都知道已不再需要人為操控即可將車停好。為什麼自動停車系統能穩妥地將車輛停進車位呢？其實自動停車輔助系統是藉由雷達及影像裝置，獲得車位、車輛以及周遭環境等數據。同時也透過影像裝置了解車輛相對於車位的方向、角度等，進而讓該系統推算出最佳停車路徑規劃，接著再讓汽車依此規劃自行運作。

　　可是汽車又不是每次都能停在同一個車位上，因此對於不同的車位所算出的路徑規劃，必定有所不同。甚至還得依當下情況，先將車輛移動至適當的路徑起點，例如把車輛再往前開一些、車身打偏角度再大一點等，再依循規劃路徑開始停車。除此之外，汽車的運作也不可能像電腦運算那樣精準。例如控制訊號設定要轉動輪胎三十度，實際上可能因為路面磨擦過大而只有轉動二十八度；或是設定油門讓速度維持時速五公里，實際上可能因為路面不平而只有時速四‧五公里等，造成行駛軌跡偏離所規劃的路徑。所以如果自動停車系統只是依照路徑

規劃控制汽車，可想而知絕對無法將車停妥，甚至還可能造成事故。

　　面對上述類型的挑戰，儘管自動已經很厲害，但卻顯然不足以應付未曾見過的事件。當變動出現卻又未知如何處理時，人類通常能夠透過學習，並逐步發展出所需解法。而這樣的能力，在人工智慧思維下，就稱為「自學」。

　　具備自學能力的裝置，基本上跟人類的智慧越發接近。人工智慧思維下的自學，不僅會與外界環境互動，而且還能在互動過程中蒐集所需數據，再從這些數據中學習，並不斷改善已有模型，讓對應的AI學生與時俱進。一如人類在面對變動的問題時，其解題經驗可以積累，而且越來越強。

051　自學改善量測結果

　　在本書單元38「運用視覺力自動讀取數值」中的案例，是運用視覺力自動讀取量測工具上的數值，進而減少工作人力，同時也大幅降低錯誤率。儘管成效頗佳，但是在現實工廠實施時，卻面臨新的挑戰。由於廠房受到早晚、一年四季與照明等影響，當鏡頭面對量測工具上的數位顯示面板時，會因不同時間、明亮與光源反射等問題，而無法有效辨識出上面的七段顯示數字。

　　為了改善這種會受環境因素改變而影響智慧能力的問題，我們進一步在原來可以自動讀取量測工具數值的AI學生上，加上人工智慧思維的自學概念。透過不斷蒐集日常操作時發生的數據，再運用這些數據訓練原有的辨識模型。AI學生會像人類一樣，隨著使用時間的增加而逐步學習。以前可能會讀錯的量測數值，隨著時間推移而越讀越準確。

　　運用自學幫助系統在變動中自行與時俱進，是人工智慧思維中的重要概念。

052　自學預測離職率

　　員工是公司最重要的資產，這也是許多企業領導人的共同體悟。同樣地，大部分企業在新聘員工時，也都不希望找到的人會在短期內就離職。因為新人離職，不僅未能滿足原先想要填補的人力缺口，而且還浪費了招募與教育訓練成本，更不用說會造成企業未來人力成熟度的下降。

　　企業新人錄取的步驟，一般是先由人事部門針對應試者履歷進行篩選，然後再交由需求部門的面試人員進一步面談。人事部門的篩選工作主要在審核資歷是否正確並符合條件；部門面試人員主要則在確認能力、學經歷等是否符合所需。一般而言，對於應試者是否會在一年內離職，僅能依靠人事部門與面試人員的經驗，實在難以判斷。

　　在本案例企業中，由於幾十年來的人力資源部門數據保存良好，因此在基於人工智慧思維的預測力下，首先利用過往的數據訓練出一個AI學生。此AI學生可以根據應試者提供的基本數據與工作期望，預測此人在一年內的離職機率有多高。這聽起來就像是在算命一樣，問題是準確嗎？事實上該公司的這個AI學生，其預測準確率可達到80%以上，可以說是比算命還準。

　　本書之前介紹的預測力案例準確度也很高，但是由於未涉及到人，所以可能還不會有類比到算命的感覺，因此許多人或許會對本案例更感驚訝。但是若將企業也看成是一個系統，除非該企業每天變換不斷，否則自有其企業文化。換言之，什麼人會留、什麼人會走，與公司文化是否相合，在冥冥中已有定數。只是過往這些千絲萬縷的特徵人們不易發現，一如我們在單元35、36中所介紹的案例。在本案例中，公司長年下來已形成其自有企業文化，同時員工數據又保持相對完整，因此面對新人一年離職率的預測，自然也就有其準確度。

　　然而當此AI學生開始使用後，問題也跟著發生。因為當面試人員發現應徵者能力頗佳，但是被預測到極有可能會在一年內離職時，此時到底是要錄取還是不錄取呢？由於用人仍由需求單位決定，通常在缺人的情況下，仍會錄用應徵者。但是有趣的是，用人單位也知道此人存在一年內離職的高風險，因此有些單位會更加關注此類新人，盡可能幫助對方，冀望可以打破魔咒。通常這樣的努力，確實可以改變最終結果，也就是說一年內沒有離職。那麼這個AI學生是不是就變得不準呢？答案是確實會越來越不準，因為顯然公司文化已經改變，開始變得更關注新人。所以儘管算命者有其斷言，但努力是可以改變命運的。

　　在本案例中為了繼續服務此公司，我們會將新的用人數據不斷反饋給AI學生。透過不斷學習，儘管中間或許變得不準

確，但是最終又會逐步修正得越來越好。透過自學面對變局，
是人工智慧思維中的重要精神。而人工智慧的這種自我學習方
式，我們會在往後的三類學中另行說明。

面試助手——預測離職的算命師

053　自主

　　2004年3月13日，由美國國防部「國防先進研究計劃署」
（Defense Advanced Research Projects Agency，DARPA）所發起
的世界第一場無人駕駛汽車挑戰賽，為自動駕駛揭開了序幕。
然而，縱使無人駕駛車搭載了最先進的設備與完善的自動駕駛
軟體，所有參賽車輛最終不是拋錨就是被撞壞，沒有一輛能夠
完成兩百四十公里長的沙漠賽程。不過，這項挑戰在第二年就
被史丹佛大學的無人車Stanley克服了，從此之後便有許多車
廠、科技公司等，相繼投入自動駕駛的研究開發。時至今日，
無人車已經在某些場域展開試運行。

　　相較於具備自學能力的自動停車系統，上述挑戰中，能夠
自動駕駛至目的地的無人車，顯然必須具備更高一級的智慧能
力。因為自動駕駛除了要能夠辨識周遭環境，自動驅使車輛移
動外，面對行駛路徑規劃、紅綠燈與路況等不確定因素，也要
能夠不斷學習、不斷調整、不斷應對，才能確保自動駕駛車
輛，可以平安無誤地抵達目的地。

　　然而除了上述議題外，自動駕駛還需面對更複雜的挑戰，
就是除了要能自己找出解決問題的最佳策略外，當面臨兩難的
問題時，要如何做出抉擇，也就是兩害取其輕的挑戰。而這種

取決的能力，我們稱之為「自主」。

　　例如，當自動駕駛發現路面積水時，若行進速度過快會激起水花，進而影響其他車道的車輛行進；但若是過慢，卻又可能影響後面車流的行進。在此兩難情況下，已非具備自動或自學能力的車輛所可以面對。因為無論如何衡量得失，有時候很難確認何者為佳，然而自動駕駛最後必須做出抉擇。

　　上述這種自主能力的呈現，越來越像人類，必須利用過往所積累的經驗，推論每種可能的後果，並從中做出選擇。我們將自主列為人工智慧思維下的第三個「自」，因為即使人類自己在面對同樣挑戰時，也常常無法兩害取其輕或是兩難取其佳。因此自主也成為是比自動與自學更高等級的智慧呈現。但是人工智慧在四個「度」——速度、維度、強度與粒度的加持下，透過足夠的數據訓練，確實可以幫助人類在面對自主難題時助上一臂之力。

054　自主的戰情中心

　　「智慧製造」（smart manufacturing）是近年來在工業4.0加持下，眾多製造業追逐的重要發展方向之一。相較於傳統製造，智慧製造可以說只是一種相對的概念。例如生產線上運用機器人自動生產，比傳統沒有用到機器人的工廠自然智慧多了。但是假如生產所需的物料無法及時送達工廠，機器人也是無用武之地。因此自動生產規劃、自動排程的系統，顯然對智慧製造也很重要。而且在生產過程中，假如能夠掌握工廠中機器的運行狀態、客戶訂單的生產進度、產品品質的檢測情形等全貌資訊，那麼跟過去的製造相比，自然又是智慧許多。但是若從工業4.0的角度來看，上述這些智慧仍大大不足。所以我們才說，對智慧製造而言，智慧只是一種相對的概念。事實上，本書認為只要能夠運用智慧科技改善現有製造，就可視為是一種智慧製造。

　　目前支持智慧製造中最基本的做法，是能讓管理人員知道發生什麼事以及所需關鍵資訊，例如目前哪些機器停機？為何停機？目前實際生產進度？目前產量？品質不良原因等。將這些事件、資訊等以即時的方式提供給相關人員，習慣上被稱為是製造的「戰情中心」。

　　製造戰情中心可以想像成是類似美國太空總署（National Aeronautics and Space Administration，下稱NASA）的管制中心。就像電影中的劇情所呈現，在這個管制中心內，可以監控所有與太空飛行任務相關的資訊。所以不管是太空船出了任何意外，都可以由這個中心下達指令或遠端操控。當然相比NASA的控制中心，企業的製造戰情中心不是在同一個位階。但是在概念上，麻雀雖小還是得五臟俱全。也就是說，製造戰情的建立還需足夠專業，同時使用者也要能夠隨時且即時取得所需戰情。

　　為了讓戰情中心變得足夠專業，一種方式當然是由管理人員慢慢發掘所需內容，並將這些內容根據各類管理職能，轉化成一眼即可看懂的圖表或指標。另一方面，則是透過教育訓練，讓各類管理職能的管理人員學會使用；同時還得透過宣導，希望大家願意使用戰情中心。

　　針對到底哪些資訊應該成為戰情中心的內容，有時候存在頗多爭議。因為當戰情中心的內容太過五花八門時，它會因為不容易幫助管理人員快速獲得指示或發現問題，進而失去戰情中心建置的意義。因此，假如人工智慧可以智慧且自主地觀察管理人員與戰情之間的使用關係，戰情中心的畫面呈現就可以被更適當地呈現出來。事實上將製造戰情中心的界面，改由人工智慧自主判斷如何呈現，除了可以提供各類管理職能的人員更即時所需的資訊外，有效降低戰情中心的複雜度，對於管理

階層而言更是重要。因為戰情中心不是資訊中心，內容簡約、
關鍵、明確、一目瞭然，才是戰情中心的精神。

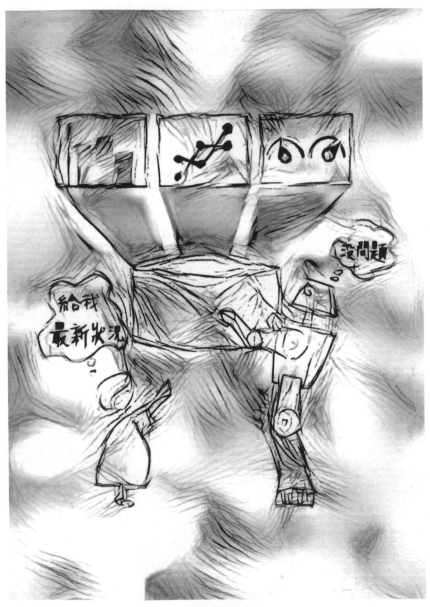

智慧製造戰情中心

055　自主的虛擬助理

　　要建置前一單元中所介紹的製造戰情中心，有時候所費不貲。因為戰情中心背後必須先要有資訊，而資訊則需要有系統，同時還要靠各種機制來蒐集。例如戰情中心要能知道某張訂單的目前生產量，這顯然要從透過生產工單以及生產過程的數據計算，才能獲致所需資訊。而這過程中的數據，有些可能可以透過自動設備蒐集，但是有些則要現場人員透過系統輸入相關數據。因此戰情中心的美好背後，是需要相當完整的資訊科技支持才能實現。

　　在本案例的工廠中，他們根據目標建構出一個所需的製造戰情中心。然而使用一陣子後，慢慢發現管理人員不太信任戰情中心，常常還是直接撥電話給第一線生產主管，以獲取所需資訊。究其原因，主要還是在於整個生產製造過程中，儘管機器可以自動化，但是「人」仍扮演重要的角色。許多現場數據必須由人確認後，才能輸入系統中。由於現場工作繁雜，除非是像大型企業一樣人員充沛、管理嚴謹，否則隨著時間推移，對於現場要求生產第一的人員而言，掛一漏萬、沒時間、甚至忽略操作系統的情形，自然無法避免，甚至越來越頻繁。假如數據無法即時、無法完整，那麼戰情中心也就失去意義。這也

是為何本案例工廠的管理人員，最後還是直接詢問第一線人員，作為判斷與決策依據。

在面對上述問題，我們首先運用人工智慧思維的語言力，發展出一位製造戰情中心的虛擬助理。此虛擬助理會取代管理人員，直接撥打電話給製造現場的第一線人員，並詢問所需數據。由於這些虛擬助理是以自然語言的方式與之對話，所以第一線人員也可以直接用語音回答所需資訊或數據。此時虛擬助理在確認數據無誤後，會直接填寫入戰情中心的資料庫。這樣一來，戰情中心所呈現的資訊，就可以獲得管理人員的信任，進而發揮其價值。

當我們完成上述改進後的戰情中心，理論上應該可以解決原先的問題。然而事實上，原來的問題確實解決了，但是也衍生了新的問題。由於虛擬助理這個AI學生雖然聰明，有時候卻在不恰當的時候打電話追問數據。虛擬助理何時撥打電話，通常是事先排好時間照表操課，有時候確實變成是在「騷擾」現場工作人員。因此我們在意識到此問題後，另將人工智慧思維的自主概念納入虛擬助理的行為中。也就是說，儘管戰情中心可能亟需最新資訊，但是虛擬助理可以自主決定是否該在此時打擾對方。因為我們之前也講過，在工廠現場中，製造應該第一優先。換言之，虛擬助理可以違反戰情中心的預期，由它自主判斷並決定何時追蹤何人。

在製造虛擬助理中加入新的自主思維後，本案例工廠的戰

情中心乃漸漸發揮功效，同時也讓投資在資訊科技上的效益逐步浮現。

056　自覺

　　從自動、自學到自主,人工智慧的智慧層級越來越高。特別是到了自主,已經跟人類越發相似。因為有時候面對問題時,已經很難分辨對或錯,或是何者較好、何者較壞。然而人類在自主之上,還存在一個更高的層級,那就是「感覺」。人類有時候會因為感覺而做決定。一種是直覺,沒有什麼道理,但是就是覺得該這麼做;另一種則是因為感情,也沒有什麼道理,就是因情感而影響決定。

　　在人工智慧思維中,我們增加最後一個「自」,就叫做「自覺」。所謂自覺比較像是上述的後者,是指人工智慧可以知道使用者的情緒而做出適當回應。當然人工智慧也可以透過展現情緒,讓使用者清楚知道人工智慧目前所處的情況。

　　以汽車為例,目前已有許多汽車製造商正研發與駕駛情緒有關的智慧系統。例如豐田(Toyota)在消費電子展(Consumer Electronics Show,CES)2017中展出一款名為Concept-i的概念車。運用人工智慧思維的自覺概念,Concept-i除了能夠學習駕駛者的喜好與習慣外,同時也能偵測駕駛者在開車時的情緒反應。例如Concept-i會關注駕駛的疲勞現象,若達到一定程度時,就會控制車內燈光變化來刺激駕駛。另外

Concept-i 也會從車內乘員表情或對話中，自行調整車內燈光
或是播放輕音樂等，來幫助乘員獲取更舒適的乘坐體驗。

　　感情交流是最有效的互動方式，也是建立關係的共鳴基
礎。當人工智慧能夠感覺到人類的情緒，並做出相對應的反
應，人類的移情能力便會因為它們可以理解我們的情緒，而在
某種程度上也把它們當成人一樣，從而接受人工智慧的服務，
或是因此願意跟它們合作共事。因此，善用人工智慧思維中的
自覺概念，將更能夠創造出更具智慧的應用。

057　自覺的虛擬客服人員

　　在當今所謂體驗經濟時代或者稱為顧客時代下，企業如何服務客戶、支持客戶、提升客戶滿意度，已成為是不可避免的課題。其中，除了新一代的網路客戶服務外，傳統的電話客戶服務，仍是目前不可偏廢的機制之一。

　　基本上，客戶服務需要由客服人員來負責回應或是解答顧客所提出的種種需求與問題。由於客服人員是面對客戶的第一關，讓客戶獲得良好的體驗至關重要。可是有時候客戶會無理取鬧、甚至言語霸凌，另外客服人員工作時間既長，過程中也會不斷積累壓力，稍有不慎就可能造成客戶的不愉快與不滿意。因此在過去，企業對於客服人員的專業養成與情緒管理訓練，一直都是必須關注的議題。

　　隨著人工智慧的越來越成熟，運用語言力再加上自動、自學與自主，發展一個可以支持客戶服務的AI學生，早已不是一件難事。例如透過分流的方式，讓AI學生處理一般性的客服問題，至於更進階、AI學生沒辦法解決的問題，再轉交給真人處理。對企業來說，這樣的系統既可有效節省人事成本，同時也能提升服務效率。對客服人員而言，不僅工作量可以降低，同時也有餘裕提升自身的專業能力。

　　要將上述的 AI 學生付諸實現，事實上仍有困難。因為假如這個客服 AI 學生，只是像一個語音助理或聊天機器人（ChatBot），那麼客戶會馬上發現對方不是真人，從而引發更差的服務體驗。舉例來說，當客戶抱怨：「我買的這個東西是壞掉的！」假如這時候的客服 AI 學生，以不帶感情的語調要求說明壞掉的地方與原因，或是請問客戶是要維修還是退貨。相信面對這樣的服務，大部分客戶的感受都不會太好。

　　假如我們將人工智慧思維中的自覺概念，加入上述的客服 AI 學生中。那麼當感受到客戶語氣中帶有憤怒情緒時，就可以先採取安撫策略回應：「很抱歉，給您造成困擾。」等有同理心的回答。先讓客戶覺得，你有了解到我的感受，所以可能會比較為我著想。等客戶情緒稍加平穩後再說：「那麼我來幫您辦理維修登記好嗎？」或是「需要我幫您辦理退貨嗎？」這樣具自覺能力的人工智慧，對於客戶服務而言，自然既可改善用戶體驗，又能降低服務成本。

058　自覺的協作型機器人

　　不論是要提高生產效率或是降低生產成本,對製造業而言,機器人扮演的角色越來越吃重。目前的工業用機器人,基本上可分為工業型機器人(Robot)以及協作型機器人(Cobot)兩類。其中,工業型機器人在作業時是全面自動化,既不需要人員介入,同時也不會因為與人員碰觸而主動停止。所以為避免造成人員傷害,通常在其工作區域外會加上圍籬,確保人員在機器人作業時不會進入其工作區域。而協作型機器人則能與人員同處一個場域共同作業,當與人員發生碰觸時,協作型機器人會自動停止工作,以免造成人員傷害。所以,近年來在許多生產製造領域裡,協作型機器人越來越受歡迎。

　　相較於傳統工業型機器人只會一板一眼按照程式碼,不斷重覆著同樣的動作,協作型機器人就相當具有彈性。許多協作型機器人能夠讓作業人員拉著其手臂模擬一次作業流程後,就能記取路徑並照著執行,可以說是相當直覺的操作模式。進一步來看,協作型機器人既然是被設計來和人類共同工作,所以不僅在作業前具備上述的互動能力,其在作業過程中,除了安全防護的互動能力外,如何與人員在工作上互動,也是協作型機器人的重要挑戰。

　　舉例來說，大部分的作業人員會認為，協作型機器人也只不過是一台愚蠢的設備，在彼此協作過程中，並不會特別去注意對方的工作情形。通常要等到出了大錯時，作業人員才可能發現協作型機器人出了問題，而此時損失也已造成。這關鍵處自然在於機器人不知如何主動尋求協助。反過來說，機器人也不像人類會有情緒反應，可以引起一旁人員的注意。

　　有鑒於此，由美國麻省理工學院教授羅德尼・布魯克斯（Rodney Brooks）於2008年創辦的Rethink Robotics公司，就開發出一款叫做Sawyer的協作型機器人。該型機器人具備了自覺的概念，它利用一台螢幕來表達它的情緒。該螢幕會依照這台機器人現階段的狀態，而顯示不同的表情動畫。同時也會像人類一樣，搖頭晃腦地擺動該螢幕。例如當作業人員在教導其作業過程時，會以睜大眼睛的表情來表示它正在努力學習；真正工作時，會以眼睛盯著正在工作的位置，表示工作正常進行；另外它也會對於缺料或出現問題時，透過眼神顯示出不知所措的表情等。

　　上述Sawyer這些自覺的表現，可以幫助旁邊的協作人員轉頭就發現一切是否正常，一如人類之間可以透過眼神交流彼此合作。同時，它的這種人性呈現，也會讓身旁的作業人員不禁莞爾，不會再將它視為是一台愚笨的機器，而是看成一位合作夥伴。假如說一般的協作型機器人，只能吸引人類夥伴約二十秒的注意力，那麼具備自覺的Sawyer，就能吸引它的協作

人員超過一百二十秒以上的關注。所以當有錯誤發生時，這種
具有情緒反應的機器人，自然能更快地讓作業人員知道，從而
降低損失。

　　從自動、自學、自主到自覺，代表了四個不同程度的人類
智慧特徵。而面對這四種智慧特徵，人工智慧今天已經可以逐
步實現，同時也開始被廣泛應用到各方各面。前一章所介紹的
五種力，可視為是人工智慧思維單純的直觀應用；而本章中所
介紹的四個自，則可視為是人工智慧思維面對不同智慧需求的
整合應用。

第六章

AI 的三類學習方式

059　AI思維的三類學

　　到目前為止的前兩章，我們將人工智慧依能力分五種、依智慧層級分四個自解構後，還剩另一個角度尚未觸及，那就是我們需要幾種學習方式，才能具備類似人類目前已有的學習能力。

　　這聽起來或許有點奇怪，學習的能力不就是一種嗎？不過我們若仔細想想，或許可以發現不同之處。例如，小朋友第一次看到一些從未見過的動物，例如像是貓的圖片後，我們常常會測試他們是否認識這種動物。但是長大後，假設我們從未見過花豹，但是只要看過圖片一次，我們幾乎不會錯認花豹、老虎或是小貓。換言之，之前的學習似乎要花比較多的時間，但是後來的學習就省力多了。

　　同樣的情形，也可以用工作崗位來說明。假如我們是第一次就業，許多工作可能需要花上很多時間才能慢慢上手。但是當我們下次換到另一家公司時，儘管工作不全然一樣，但是學習的時間似乎就可以大幅縮短。當工作經驗越多，即使面對以前從未做過的事，也可以很快上手。所以儘管經驗是由過去所積累，但是卻能有效提升面對未知的學習。

　　除了上述的例子，人類在學習上，事實上還有另一種情

況，那就是自己摸索、探究，慢慢積累出智慧。例如第一次玩電腦遊戲時，假如沒有人事先教我們，那麼通常需要花費許多時間才能過關。但是當過關次數越多後，我們破關的技術也就越來越純熟。

　　那麼人工智慧到底需要幾種學習呢？事實上要善用人工智慧思維，那麼三類學習就不可或缺。第一類學習是透過訓練得來；第二類學習是自行領悟；第三類學習，則是站在已有的巨人肩膀上，再繼續學習新增的未知。第一類學習就好像人類要上學，在人工智慧思維中，我們將之泛稱為「深度學習」；第二類學習就好像從零開始、自行摸索，在人工智慧思維中稱為「強化學習」（reinforcement learning）；第三類學習則是基於已有的模型再行學習，在人工智慧思維中稱為「遞移學習」（transfer learning）。往後我們會再進一步介紹這三種學習。

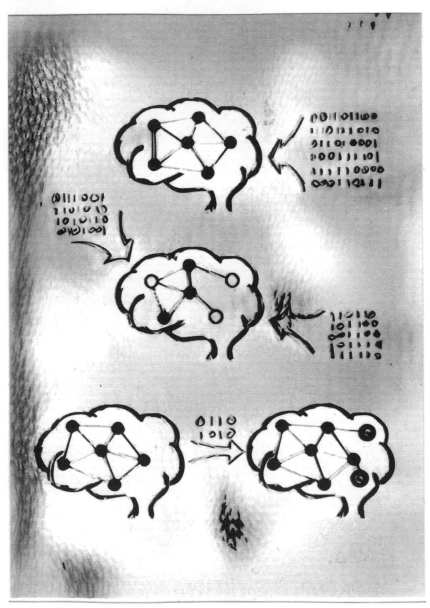

人工智慧思維下的三類學：深度學習、強化學習、遷移學習

060 深度學習

　　自從 2016 年 Google DeepMind 的 AlphaGo，以四比一擊敗南韓九段圍棋棋王李世乭，震撼全世界後，一時間從學術界到產業界等，都紛紛積極地擁抱人工智慧。所以，AlphaGo 可以說是人工智慧飛入尋常百姓家的一個重要里程碑。

　　AlphaGo 背後最重要的人工智慧關鍵，就是深度學習技術。所謂深度學習，其實就是一種仿效我們人類大腦的神經網路技術。早在 1980 年代，類神經網路便已出現，但受限於電腦的運算瓶頸，一直無法嶄露頭角。直到進入二十一世紀，無論是電腦硬體計算能力的急速增長，或是軟體技術的快速進步，都再次提供深度學習所需要的新沃土。

　　簡單來說，一般的類神經網路可分為輸入層、輸出層與隱藏層。而所謂的深度學習中的「深度」二字，指的就是隱藏層的數量。當隱藏層越多，代表深度也越深，整體網路架構也越複雜，但是也就越有學習能力。深度學習的學習方式，有點像是我們人類的學習方式。如果考試題目與所學內容差異太大，那麼學生就不太可能考得好成績。同樣地，深度學習的訓練數據如果不足，或是訓練次數過少，其學習成果自然也不會太好。

　　深度學習是人工智慧中的一種工具，也是現今人工智慧的主流技術。在人工智慧思維中，我們用深度學習來代表最基本的智慧建立能力。換言之，無論是五種力還是四個自，我們是可以透過深度學習，來發展出對應所需的AI孿生。

061　運用深度學習提高加工速度

　　放電加工機是一種用來對金屬加工的機器，通常可以用於模具製作，其工作原理在此我們就不多說。由於其加工方式涉及需要在加工過程中，不斷將加工機的電擊棒與工件中的積碳排除，如此才能確保加工過程的正常運行。

　　當放電加工機用於製造較大型的金屬工件時，通常需要花費大量時間。特別是在加工過程中，若過於頻繁排渣，會增加工作時間；反之，排渣間隔時間過長，又可能造成效率下降，甚至停止加工。因此為了確保加工效率與品質，放電加工機必須做好排渣控制。

　　一般而言，放電加工機有自己的控制計算方法。然而在真實的加工過程中，放電加工機的排渣控制終究不如現場有經驗的操作人員。因為人員在經驗的積累下，根據現場加工狀態，可以知道什麼時候實在不需要排渣，什麼時候最好一定要排渣。而這樣的人為經驗判斷，顯然不同於固定排渣的控制計算方法。假如可以由有經驗的操作人員在現場協助操控，放電加工機的加工效率自然可以提升。然而這並不可行，因為一來加工時間極長，二來有經驗的操作人員畢竟有限。

　　為了解決上述問題，我們在與本案例廠商討論後，決定運

用深度學習來訓練一個AI學生。此AI學生首先學習操作人員的排渣經驗，並且能自動控制排渣程序。這麼一來，在結合放電加工機的控制與操作人員的經驗，我們就可以提升加工效率。初步實驗結果顯示，針對相同工件與相同加工深度，相比原來的控制方式，結合AI學生的新排渣控制方式可以減少39%以上的加工時間。

在此案例中，關鍵就在於學習放電加工機操作人員的經驗。因此，運用人工智慧思維中的深度學習，就是一個很直觀的想法。

062　運用深度學習偵測詐騙

　　隨著網路商機不斷興起，付款方式也更加多元化。像是第三方支付，就提供一種能讓買家或賣家用更簡單也更安全的方式，進行線上購物或網路銷售。然而快速增加的交易量及金額，也引起有心人士的覬覦，想要透過詐騙手段來獲得利益。因此電信、線上購物和金融等業者皆需要能偵測網路詐騙的設備，才能保障企業本身與客戶的安全。

　　以知名的第三方支付服務商PayPal為例。PayPal從支付交易歷史資料中，擷取像是使用者登入裝置、交易時的地理位置、IP地址和使用者帳戶資料等特徵，建立出偵測詐騙的模型。其概念是使用該模型來比對每筆交易細節，過濾可疑的使用者或遭盜用的帳號，以判斷是否有詐騙或是帳號盜用等不法情形發生。為了能夠做出更正確的判讀，PayPal後來利用深度學習來發展偵測詐騙的AI孿生，從而獲得更好的成效。

　　另一個例子則是丹麥銀行。丹麥銀行為診斷是否為詐騙，早期做法是蒐集專家經驗，再以這些經驗發展出一個篩選詐騙事件的專家系統。當系統認定可能是詐騙事件後，銀行會進一步展開調查，以確定是否真的是詐騙。不過，這個系統的準確度不高，只能找出四成左右的詐騙事件，另外六成詐騙常常得

以成功。更糟糕的是其誤報數量也很高，導致後續許多調查是在浪費成本，同時也延宕正常交易。後來丹麥銀行採用深度學習，以詐騙案例作為數據來訓練AI學生。深度學習後的新模型，不僅大幅提升準確度，同時也減少誤報率。

　　從上述例子中可以了解到，深度學習非常適合用來學習複雜且高維度的數據，例如交易過程中的所有數據，並從千絲萬縷中找出特定關聯。相較於人類判斷或是傳統的數學模型，深度學習都明顯略勝一籌。

063　強化學習

　　美國的心理學家施金納（B. F. Skinner），在1938年做過一個施金納箱（Skinner Box）的實驗裝置：他把一隻老鼠放到一個有按鈕的箱子中，只要那隻老鼠壓下按鈕，就會有食物掉到箱子中，沒按按鈕就不會有食物出現。那隻老鼠經過多次的探尋與誤觸，漸漸學習到「壓下按鈕就會有食物掉落」。之後，牠只要肚子餓就會去壓下按鈕。施金納也由此得出結論，生物可以透過獎勵而自行學習。

　　人工智慧中的強化學習，基本上頗類似於施金納的盒子。簡單來說，強化學習就是讓電腦像是老鼠，在設定的環境中學習如何解決問題。這個學習過程有點像摸著石頭過河。電腦並不知道河中石頭的分布，所以不可能一口氣正確無誤地抵達對岸。它只能從目前所在的位置來選擇下一個位置。如果下一個位置沒有石頭，結局就算失敗，電腦會被懲罰，同時必須回到原點重來；假如下一個位置有石頭，那麼電腦會往下再繼續上述步驟直到順利抵達對岸。當成功過河後，電腦會得到獎勵。在經過很多輪的上述訓練後，電腦會逐步找到過河的方法。而更重要的是，它會將這個學習結果存入模型中，從此這個AI學生就具備快速過河的能力。

　　強化學習主要用於當深度學習無法派上用場時，但又需要從環境中眾多複雜的可能組合裡，找出我們期望的好策略。我們以下會用兩個案例來加以說明。

064 運用強化學習自學下棋

　　究竟誰才能打敗 AlphaGo 呢？這個問題的答案不需要等上數年，因為它的「師弟」AlphaGo Zero 在 2017 年就打敗它了。不同於 AlphaGo 用了上億組棋譜來進行學習，AlphaGo Zero 則是在除了圍棋規則外，其餘完全不懂的情況下，透過強化學習跟別的 AI 對戰、甚至自己跟自己對戰，逐步掌握圍棋的下法與策略。得益於電腦的強大優勢，AlphaGo Zero 在短短四十天內，下完人類終其一生都無法達到的棋局數量。最終發展出前所未見的下棋策略，進而成為歷史上最強大的圍棋大師。

　　強化學習雖然目前較常應用於遊戲上，而且也取得相當令人驚嘆的成績，但是其潛能並不僅限於此。光是看它能跳脫人類思維，自行從零開始尋找出最佳化策略，就應該可以想像在現實世界中，強化學習將能協助人類面對無法定奪但卻需要有更佳決策的應用。例如像是生產機器的參數調校、教育課程的安排、治療策略的建議、生產任務的規劃、金融交易策略的探索等，強化學習可以為我們創造出不同於深度學習的價值。

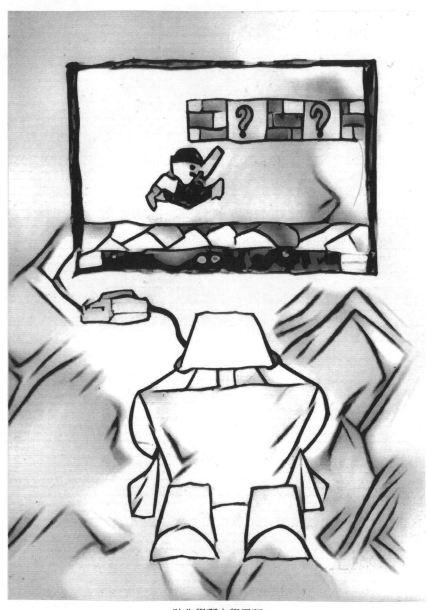

強化學習自學電玩

065　運用強化學習改善出入庫管理

在大量現代數位科技的支持下，倉儲自動管理已經是頗為成熟的技術。但是對於某些企業而言，要導入自動倉儲系統，除了費用過高外，有些情境也很難達成。例如儲存的對象過於龐大、或是過重、或是場域過於複雜等。因此，這些企業仍有賴人員來決定出入庫的規劃與管理。

上述這類問題，乍聽之下似乎並不困難。但是假如把時間軸拉長、物品種類增加、數量放大來看，事實上在過一段時間後，就會發生物品找不到，或是需要一起出庫的相關物品四散各處，造成工作人員一進倉庫就要好久時間才能出得來的情形。有時候明明物品就在附近區域，可以花更少時間取得，但是根據指引的物品位置，卻是遠在其他櫃架、甚至其他樓層裡。

面對此案例，我們決定採用強化學習來自行決定入庫、出庫的規劃。工作人員根據強化學習給出的出入庫單，去倉庫中存入或取得物品。待存取完成後，會再給強化學習一個評價：假如無法順利完成任務時，強化學習會得到負分；假如順利完成，但花費時間高於預期時，強化學習也會得到負分，但比前述扣得少一點；假如順利完成，同時花費時間低於預期時，強

化學習則會取得正分。

　　上述強化學習在經過上百次操練學習後，神奇的是，它規劃的入庫與出庫越來越好。也就是說，人員根據它的建議，可以越來越快完成任務，而花費的時間也越來越符合預期。自此，強化學習的表現，超越了過去本案例廠商的管理者。

066　遞移學習

在金庸的武俠世界中有各式武功，包括內功與外功等。在這麼多的武林高手中，可能就屬張無忌最厲害，因為他練成了九陽神功。有了九陽神功為根基，張無忌學習新的武功就特別快。在書中，張無忌用不到多少時間，就學會了張三丰數年才參悟的太極拳，即時打敗了玄冥二老。

武俠之外的現實世界中，其實也有許多類似的例子。例如學會騎自行車之後，要學會騎摩托車就比較容易；會英文的人，學習法文或西班牙文等歐陸語言，也會相對快很多。這其中的原由，或許可以用觸類旁通來說明。換言之，當一個人積累越多的知識，再去學習其他相似或相關的東西時，時間自然也會縮短很多。而人類做得到這樣的學習，從人工智慧思維的角度來看，自然也應該具備同樣概念的學習能力。而這類的人工智慧學習，就稱為遞移學習。

遞移學習的精神，主要在於可以把解決A問題時所建構的AI學生，再加上額外少量的數據訓練後，即可用來解決B問題。舉例來說，原來僅能辨識轎車的AI學生，再適度提供額外的貨櫃車數據後，即可透過遞移學習，也能辨識大型貨櫃車。

　　不過，既然都是人工智慧，那為何不針對B問題，從頭訓練自己的AI孿生呢？這樣的結果，是否會比基於A問題的AI孿生還要好？其實，主要原因是由於數據的取得、標記等成本並非免費，或者根本無法取得原來的數據。例如一家軟體公司A，運用許多數據發展出生產管理的AI孿生。假設B公司想發展自己的生產管理AI孿生，B公司必須先有許多的相關數據，但事實上可能遠不如A軟體公司已經訓練好的AI孿生，但A軟體公司顯然也不可能提供所有數據給B公司使用。所以理想狀況是，B公司採用A軟體公司的生產管理AI孿生，然後再以自己的生產管理數據遞移學習。如此一來，既可獲得一個經驗豐富的生產管理AI孿生，同時這個AI孿生也具備自己公司的生產管理知識。

　　從上所述範例可以看出，遞移學習可以算是一種智慧共享的技術。站在巨人的肩膀上，可以用更少的數據、花費更少的成本，卻可獲得更好的學習結果。

067　運用遞移學習提升自動駕駛能力

　　想像一下，你一坐上車，便開始輕鬆地喝著咖啡、閱讀報章雜誌，而你的車卻完全不需要你來駕駛，就能自動把你載往目的地。這種看似科幻小說的情節，正在變成現實。今天，許多車廠無不卯足全力讓自家車子具備自動駕駛的能力。

　　不過，畢竟車輛運行關乎車上乘客與車外行人大眾的安危，所以得嚴謹看待自動駕駛系統的安全性。在大多數的產業專家看來，自動駕駛車輛如果不在路上跑個億萬公里的，所謂的安全性就只是個廣告標語罷了。但對於車廠來說，要養一支車隊上路測試，那可是一件相當燒錢的事。而且在測試過程中，還得蒐集各項行車數據，所以必須裝設對應的量測設備、分析儀器，使得採集數據的成本也相當昂貴。另外，自動駕駛車輛要上路，還得向當地政府申請路權、測試許可等行政作業，並且還只能在特定的時段與地點進行測試。林林總總，可以看出這不僅耗費時間，而且無法全面性的對各種路況、場景進行測試。

　　既然實際上路來累積測試里程沒那麼容易、快速，所以各家車廠紛紛將目光轉向自動駕駛模擬器。直接使用模擬器來訓練自動駕駛的人工智慧模型，之後再透過遞移學習，在實際上

路測試時再行補充學習。

可想而知，使用模擬器來訓練自動駕駛的人工智慧模型有幾項優勢。一是可以在模擬器中增加量測、分析項目，輕鬆地就能蒐集到數據；二是模擬與訓練可以並行操作，只要電源不切斷，模擬器就能二十四小時模擬各種測試場景，讓車商能夠快速蒐集測試數據。三是能透過模擬器提供各種路況與情境。

當把從模擬器中訓練好的人工智慧模型移入車上後，只要再將從真實路上測試時所蒐集的數據，拿來進行遞移學習，自動駕駛的人工智慧模型很快就可以適應真實的路況，大幅地節省相當多的成本與時間。而這正是遞移學習的優勢。

068　運用遞移學習提升機器臂能力

　　複合材料由於擁有優異的強度、剛性、彈性與耐久度，而且重量又輕，因此在當今的工業應用上越來越受歡迎。複合材料生產方式也與其他材料不同，首先在加熱固化後，會將邊緣裁切掉。裁切後的成品由於留有孔隙，因此必須在邊緣塗膠，以免影響產品的品質。

　　為了提高生產效率，本案例工廠採用機器臂執行塗膠作業。這看似簡單的任務，後來卻發現存在一定困擾。主要原因在於複合材料並不像金屬材料，可以利用夾具精準固定位置，因此機器臂每次塗膠的路徑皆會小有差異。但是這個微小的差異卻會造成塗膠不完善，也就是有時候有些區域塗得不完整，有些區域根本沒塗到。更何況在本案例中，其所生產的複合材料成品眾多。每種成品的形狀、大小、弧度、曲面等，基本上皆不盡相同。因此面對不同成品時，還需先教導機器臂塗膠路徑。簡單說，機器臂必須先學會不同成品的塗膠路徑，機器臂再來還需知道如何將沒有塗好膠的部分，重新補塗。

　　為了解決上述挑戰，我們首先訓練一個標準的補塗膠AI學生。它可以先透過視覺力分辨塗膠是否完整正確，同時標誌未塗好位置的缺陷類型。由於知道未塗好的位置與缺陷類型，

所以這個AI學生會啟動第二次補塗膠程序。而第二次程序會根據缺陷類型，自動補償所需。由於上述行為不管是哪一類成品的塗膠，都是必須執行的步驟，所以我們稱之為補塗膠AI學生。

有了上述這個補塗膠AI學生，當面對新的複合材料成品時，我們只需在此AI學生上，根據新成品的塗膠路徑進行遞移學習。而這樣的做法，除了可以大幅降低人工操作成本，同時也可以簡化人工智慧的開發成本。

從人工智慧思維的角度來看，深度學習、強化學習到遞移學習，這三種學習各有其特徵、意義與應用方向。了解這三類學的特徵與意義，自然可以幫助我們在面對需求時，可以做出最佳的選擇。

第七章

數據先行

069　一代靠經驗、二代靠數據

　　台灣自1960年代開始「客廳即工廠」的經濟模式，讓多數家庭迅速參與工業化過程而脫貧，同時也奠定了台灣中小企業的發展基礎。時至今日，台灣企業中有超過95%為中小企業，並且半數以上都面臨著二代接班問題。傳承做好，企業將可永續經營；傳承做不好，企業恐會失去現有的競爭優勢而被淘汰。

　　中小企業的創業第一代大都是實務派，無論是第一線的生產製造，還是企業的運營管理，在親力親為下積累許多經驗，進而發展出自己的「眉角」。換個角度看，這些從實務積累的眉角，不也是第一代在面對各種維度的挑戰，包括看得見摸得著的、或是看不見也摸不著的事物積累而來。而這些無論是看得見摸得著、或是看不見也摸不著的事物，廣義而言就是數據。換言之，第一代本身或許自己並不知道，但是實際上他們就是在消化數據，並且不知不覺地轉化成為自己的經驗。

　　時至今日，在數位科技的推波助瀾下，世界的經濟發展模式，也一路從農業、工業、服務走到體驗經濟時代。不管是生產製造還是營運銷售等工作，企業面對的挑戰跟數據間的關係，相比第一代更是緊密。一來數據量變得更大、數據來

源更多，同時數據更迭速度比以前也更加快速。因此第二代面臨的，到底是要學習第一代做法——花費時間慢慢積累個人的新經驗，還是應該直接面對數據、掌握數據，創造新一代的管理與營運方法？從本書的角度來看，顯然我們認為第二代應該要注入人工智慧思維，邁入第二次進化。透過建立自己所需的AI學生，才能夠在有限的時間裡，除了掌握第一代的經驗外，更能面對新時代的新挑戰。因此，第二代做法不能只靠過去第一代土法煉鋼式的經驗積累，而是要能擁抱數據、善用數據來訓練人工智慧，而這也是在今天數位時代下快速接班的最好方法。

一代靠經驗、二代靠數據

070　數據驅動創新

　　數據對新世代的重要性，除了有助於接班外，另一個關鍵則在於創新。管理學大師彼得‧杜拉克（Peter Ferdinand Drucker）曾說：「不創新，就等死！」創新不僅能為企業帶來像是財務績效、企業價值、成本降低等競爭力的提升，而且還能讓企業快速應變詭譎多變的產業環境。但是企業該如何創新呢？從人工智慧思維角度來看，數據絕對可以幫助企業創新。

　　利用數據幫助企業創新，我們稱之為「數據驅動創新」（Data Driven Innovation，DDI）。相比依靠過去第一代的經驗或靠人臆測，運用數據驅動的方式來進行創新，不僅可以避免因人為判斷產生誤區，同時「看數據說話」更能精準地找出陳腐癥結，讓創新的步驟、過程更加明確。因此在人工智慧思維中，數據可以驅動創新是頗為重要的精神。

　　以企業為例，數據驅動創新可從兩個角度來進行。其一是如前一單元所言，在數位時代下企業擁有大量且多維度的數據。這些數據是企業非常重要的資產。因此如何運用這些數據找出新價值，就是一種數據驅動創新的做法。事實上即使在企業之外，網際網路上也有許多公開的「開放數據」（open data），這些開放數據或由政府、或由組織、甚至私人企業提

供，同時網路上的開放社群等也充斥大量數據與資訊。從挖掘這些數據找出新應用，也是今天許多數據驅動創新的來源。

　　數據驅動創新的另一種方法，卻是反其道而行。也就是說並不是從數據堆裡挖寶藏，而是先問自己：「需要什麼數據，才可以創新出標的物呢？」若仍以企業為例，我們可以先問自己需要什麼數據，才可以幫忙「掌現況」？需要什麼數據，才可以幫忙「觀變數」？需要什麼數據，才可以幫忙「擬預測」？需要什麼數據，才可以幫忙「佐決策」？上述四件事，可說是所有企業經營者的重中之重。因為能夠掌現況才能知道狀態；能夠觀變數才能曉得變化；能夠擬預測才能做好反應；能夠佐決策才能下好決定。所以另一種數據驅動創新的做法，是先從定義出什麼樣的數據是我們所需要的，再進一步解構目標數據是如何取得，一路展開直到最後所需的每個數據來源。在解構過程中，許多所需的數據來源可能無從取得；或是解構的數據需要人工智慧等技術才能創造出來。

　　例如身為一個機台維護人員，他最需要的數據是機台在問題出現前的可能電流異常。所以若能提供機台維護人員這個數據，他不僅能做好維護工作，甚至才能預防異常發生。因此首先解構電流異常這個數據，可能先需要有個可以判斷何謂異常的AI學生？而有了這個AI學生想法後，再進一步解構發現，要訓練它就必須先有機台的電流數據。而機台電流數據的來

源，顯然需要機聯網才能有效取得。透過這樣一路展開，數據
驅動創新可以幫助我們找到運用人工智慧的關鍵處。

數據驅動創新

071　需要什麼數據？

接續前一單元的討論，對於企業而言，數據驅動創新的第一步——也就是怎麼知道需要什麼數據，究竟是從何開始呢？事實上數據的應用方式，可以從三個面向來看，分別是用來「描述」（Descriptive）、用來「預測」（Predictive）以及用來「指示」（Prescriptive）。

數據的描述性是指可以用數據來解釋已經發生的事，就像是個事後諸葛；數據的預測性是指能夠利用數據，預期未來會發生什麼事以及該如何因應；而數據的指示性，則是指透過運用數據，可以從整體觀指導運行步驟，獲得最有利的結果，並創造永續競爭優勢。因此對於企業而言，數據驅動創新的第一步，可以先思考到底是要描述、還是需要預測、還是想獲得指示呢？

除了上述做法外，另一種幫助數據驅動創新的方法是，讓企業內各種不同工作職能的人員問自己七個問題。這七個問題是：

1. 現在可能發生什麼事嗎？
2. 有我需要知道的東西嗎？

3. 有要給我的建議嗎？

4. 有什麼該自動做的嗎？

5. 有什麼是未來會發生嗎？

6. 有什麼我該避免的嗎？

7. 有什麼我該決定的嗎？

再來下一步則是從問題本身，回推出應該需要什麼數據，才能有效回答提出的問題。

舉例來說，操作磨床機台的作業人員可以問自己第三個問題：有要給我的建議嗎？對於這個職能的工作人員來說，需要的第一個數據，最直接的就是建議我何時該修砂，也就是重新打磨砂輪。然而要提出建議數據，又需要有什麼數據呢？事實上根據過往經驗，機台加工時的聲音可以很容易用來判斷，但這可需要一定經驗以上的老師傅才能判別。因此在數據驅動創新上，下一步會問「這部分能不能自動做呢？」所以緊接著根據人工智慧思維，我們自然想到應該加入一個AI學生。這個AI學生必須具備老師傅的聲音判讀能力。所以在發展AI學生上，我們必須先蒐集足夠的機器加工聲音作為數據，經過訓練後才能建立出所需的預測模型。

人工智慧思維最重要的就是要有數據。AI學生是靠數據養起來的，數據就像是AI學生的食物，吃得夠多、夠好，AI

學生才會好。所以具備人工智慧思維就一定也要知道：沒有數
據，一切免談。

072　數據先有比完整還重要

　　換一個角度來看，因為數據對於人工智慧實在太重要，因此許多企業在面對人工智慧時，常常因為覺得自身的數據還不完整，所以遲遲無法推進。再加上工業4.0的推波助瀾，許多企業發現自己可能還在3.0、2.0、甚至1.0的等級，加深了他們對於要運用人工智慧的時機還太早的印象。

　　然而就像我們人類學習事物，也不是非得都等到萬事俱備才能開始。事實上學習本身，大部分時候是且戰且走。因此即使當我們經驗不足時，不是也需要做判斷、做預測、下決定嗎？人工智慧思維也應如此才對。只要有數據，儘管可能不足、甚至不全然正確，但只要足夠用來訓練建立模型，那麼千萬不要等待，先做再說。人工智慧一如人類積累經驗的過程，逐步完善模型最終才可能得到一個有用的AI學生。

　　在我們的一個案例中，有一家工具機生產商一直希望往智慧機械發展。然而一聽到要在工具機上先加入許多感測器，還得長時間蒐集足夠的各類數據後，才有機會將人工智慧運用在其機台上。聽完這樣的論調，我想幾乎大部分的廠商都會為之卻步。然而，這樣的卻步可能一拖就是一兩年，但是這段時間過了後，還是沒有數據。那麼不如乾脆不用管數據足不足、多

不多、夠不夠，先做再說。因為「你不用很厲害才能開始，但要你需要開始才會很厲害。」

073　數據與訓練是一個反覆的迴路

　　前文提到人工智慧思維就是一種訓練思維，而數據則是人工智慧的學習來源。先要有數據，才能訓練出我們想要的AI學生。顯然，AI學生的「智慧程度」會與數據的量與質相關。初期少量的數據所建立的AI學生可能不盡人意，但是只要可以源源不斷地獲得數據，數據來源可以越來越多，那麼無論是透過之前提到的三類學中的強化學習還是遞移學習，AI學生真的可以越來越聰明。

　　對於大部分企業而言，不管有多成熟或多不成熟，有數據才能管理應該是基本認知，所以數據本來就存在於企業管理中。只是要將許多可能存在於員工腦袋裡的或紙張上的數據，轉化成可以用來訓練AI學生的數位資料，對於許多企業而言似乎就不太容易了。另外許多企業也會認為企業數位化的成本頗高，為了運用人工智慧卻要先投入巨資，時間上會不會太早？

　　事實上，若從前面單元介紹的數據驅動創新概念來看，企業要應用人工智慧，不見得先要全面數位化。反而可以根據數據驅動創新所對應的需求，逐步建立取得所需數據的對應數位服務。一旦該服務建立完成，數據蒐集的邊際成本則近乎為零，且能不斷地為AI學生增添學習的養分。想想看，當別人

都邁入第二次進化的世界，有了自己所需的各種AI孿生，而我們才剛要運用人工智慧就已經來不及了。因為逝者已矣——發生過的數據早已隨風而去，然而沒有過去的數據，就沒辦法訓練出我們需要的AI孿生。所以企業建構發展AI孿生所需要的數據服務，對未來絕對是一筆划算的投資。

　　企業在完善AI孿生的過程中（如同在教導小朋友），當它越來越強大時，對於數據的需求（如同小朋友所需的知識內涵與種類），也就需要越來越完整。因此為了讓第一代的AI孿生先發揮功效，我們不需要急於投入大量成本完善數據。反而是有什麼數據，就進行什麼訓練。有了第一步成果，再看需要補什麼數據並再次訓練。這是一個反覆的迴路，直到建立出我們最終想要的AI孿生。所以說人工智慧思維也是一種訓練思維，而且可以說是一種反覆訓練的思維。

074　人工智慧思維下常見的AI技術名詞

　　作為總結前面人工智慧思維的介紹，本單元將換個角度從技術面來介紹人工智慧。因為在具備人工智慧思維後，當我們需要跟開發AI孿生的技術人員溝通時，我們也需要聽得懂對方在講什麼，如此才能確保這些技術人員可以為我們所用。

一、大數據（big data）

　　嚴格來說，大數據這個詞涵蓋的意思不是僅歸屬於人工智慧而已。只要涉及與數據分析、應用等有關的議題，都算是在大數據的範圍內。事實上「數據科學」（data science）已成為今天一個新興的熱門學科。但是如同本書前面的介紹，數據與人工智慧存在千絲萬縷的關係。因此在面對人工智慧的議題時，大數據的許多技術也會為人工智慧所使用。

二、機器學習（machine learning）

　　一般而言，機器學習在概念上分為「監督式學習」（supervised learning）與「非監督式學習」（unsupervised learning）兩大類。監督式學習是指透過數據訓練後建立出一個模型，再利用這個模型來預測結果或分類歸屬。訓練的數據

包括輸入的數據集合，以及預期輸出的結果或對應的歸屬標籤。

　　非監督式學習與監督式學習最大的不同處是在於，訓練的數據僅有輸入數據集合，並沒有給定事先標記的預期輸出結果或對應的歸屬標籤。由於沒有訓練範例，非監督式學習是指能自動對輸入數據進行分類或分群的方法。

　　遠在今日人工智慧風行前，機器學習早就被提出並運用在許多地方。只不過傳統的機器學習與今天最重要的人工智慧學習，其背後使用的技術不同。但是請記住，不管哪種人工智慧學習技術，通通都仍歸屬於機器學習。

三、深度學習（deep learning）

　　深度學習是目前人工智慧領域裡，最新也最重要的機器學習分支。為了跟傳統機器學習的其他方法做區別，大部分時候就直呼其深度學習之名。深度學習是基於早期較為簡單的神經網路技術，但模擬人類大腦而加入更多層。今天的新一代人工智慧技術，許多都是根植於深度學習上，所以深度學習也會是我們跟開發人員溝通時，最常聽到的一個詞。因此在前面單元中所探討的三類學，其中的第一個學，我們就直接用深度學習來代表。

四、影像處理（image processing）

是指將影像以數位形式記錄，再以各種計算方法對之進行分析、加工和處理，使其滿足應用所需之目標。例如停車場的車牌辨識服務，影像處理首先需要辨識車輛入場、啟動數位攝影、過濾圖像上的雜訊、決定車牌的所在位置等，至於英數字的辨識則可由電腦視覺處理。

五、電腦視覺（computer vision）

也稱機器視覺，它是利用電腦模仿人的判別準則，去理解和識別圖像，達到分析圖像並做出結論。以上述車牌辨識服務為例，電腦視覺即可用來分辨出英數字。電腦視覺在人工智慧領域頗為重要，例如在工廠中用來協助視覺檢測、無人駕駛汽車用來判別是否有障礙物、機器臂用來抓取預計加工之物件等。電腦視覺也是支持本書之前所提的視覺力中最重要的技術。

六、文字轉聲音／聲音轉文字（text-to-speech/speech-to-text）

文字轉聲音或聲音轉文字，在手機上是常見的服務。例如利用語音作為輸入方法；手機可以將訊息唸出來等。儘管這種文字與聲音間的轉換對於我們很方便，但此類技術並無法真的代表電腦可以跟我們溝通。因為人類使用語言的背後，除了涉

及對詞彙的理解外，還有文法以及情境等因素。所以人工智慧若要聽得懂我們在說什麼，需要具備的是下面的自然語言處理能力。

七、自然語言處理（natural language processing，NLP）

自然語言處理的英文縮寫為NLP，是我們常常聽到的人工智慧名詞。今天的NLP已經越來越強大，除了具備理解我們使用語彙的能力外，也可以進一步理解對話後面的意義，並回應符合語意的對話。因此在人工智慧上，自然語言處理是一個常被提及的技術名詞，同時也是支持語言力背後的重要技術。

除了上述這些常見的人工智慧名詞外，例如像是專家系統、機器人等，事實上還有許多相關的人工智慧技術。不過人工智慧技術的介紹並非本書目的，所以我們在此就先打住。

Part 3

AI經濟與企業應用

第八章

AI 經濟的崛起

075　從網際網路崛起看人工智慧

　　網際網路自1970年代出現後，隨著美國大學與研究機構的加入而不斷成熟。到了1989年，當提姆‧柏納李（Tim Berners-Lee）首次提出「全球資訊網」（World Wide Web，WWW）的技術與架構後，這個世界可以說從此進入一個嶄新的世代。網際網路取代道路、取代聯繫的方法，還取代了傳統消費行為。為何這麼說呢？1994年亞馬遜正式成立，從此網路購物開始盛行，消費者根本可以不用上街就可購物；1997年網飛成立，在網路上看影集、租電影，成為許多人的習慣；1998年Google成立，從此每個人都有一個超級百科，要什麼資訊、面對什麼疑難雜症，上網一查幾乎都可找到所需的內容；2004年成立的臉書更是改變了許多人的聯繫方式；而2005年開始的Youtube則是根本改變了媒體的市場。

　　從1989到2005短短的十幾年，網際網路已成為我們今天生活中所不可或缺的最重要一部分。所以當影響巨大的關鍵因子出現時，或者有人稱之為「奇點」，世界可能就在短短時間裡天翻地覆。那麼人工智慧呢？

　　從目前人工智慧發展的態勢來看，許多人認為一個新的奇點可能再次出現。人工智慧顯然會對未來經濟產生深層的影

響，包括帶來許多嶄新的產品、服務、甚至商業模式等。事實上許多人看待2016年AlphaGo的出現，頗類似於1989年全球資訊網的第一次出現，儘管剛剛萌芽，未來卻可能像上述那些網際網路的新創公司，對世界產生無法想像的衝擊。

076 「+AI」還是「AI+」?

　　人工智慧對世界各行業的衝擊,大抵可分從兩個維度來探討。其中一個維度是將人工智慧運用在本身已有的事物上,包括像是產品、設備、製程、管理或商業流程等。讓這些標的物在加上人工智慧的運用後,從而創新價值並取得質的躍升。人工智慧以這種方式來改變世界的方法,我們將之稱為「+AI」。而另一個維度則是不管現存已有的事物,直接以人工智慧為中心,想像、探索並創新出以前可能未曾出現的新型態產品、服務或商業模式等。而這樣的人工智慧方式,我們將之稱為「AI+」。

　　由於+AI是運用人工智慧技術於原有事物上,讓其能力增強或是獲得新的功能,所以+AI的主體是以原有的事物為主。例如手機本來就具有照相功能,但是每個人總想自拍出既美又帥的照片,此時運用人工智慧技術自動柔膚、美白、去斑等,將原來的手機照相功能加上這些人工智慧,就是一個典型的+AI思維。另外我們之前介紹的許多案例,例如運用人工智慧預測膠液的黏稠度,幫助膠囊工廠改善品質等,也都是典型的+AI做法。

　　相較於+AI,AI+則是以人工智慧技術為主體,探索過去

可能尚未出現的新應用。以工業革命時代的蒸汽機為例，最初
它只是用來抽出礦井裡的水。但是蒸汽機具有的高功率重量
比，後來被創新想到用來驅動車輪，讓蒸汽火車隨之誕生，進
而大大改變整個世界。今天的人工智慧正如同當時最早出現用
於抽水的蒸汽機，許多創新應用還待發掘。事實上AI+正在發
生中，後面我們將會介紹幾個案例來說明。

+AI還是AI+

077　工具機 +AI

　　研磨是傳統用來改善表面粗糙度的加工方法，研磨同時也能針對多種材質工件進行加工，故成為是目前實現精密與超精密加工的主要方式之一。

　　用來進行研磨加工的工具機，俗稱「磨床」（grinding machine），通常是利用高速旋轉的砂輪接觸工件表面加工。透過砂輪接觸面上的細微磨粒，對加工物件進行磨削。並且依循加工規劃，逐漸調整砂輪的高度，使其一層又一層地磨削掉加工物件的表面。這個調整砂輪高度的動作稱為進刀，每次所調整的高度稱為進刀量。進刀量決定加工效率與表面粗糙度，但是無法兩者兼顧：進刀量越小，表面越光滑，但效率越差，通常為精加工的做法；進刀量越大，效率越高，表面越粗糙，通常為粗加工的做法。

　　更進一步來看，進刀量越大，造成砂輪與加工物件之間的摩擦阻力越大，所產生的熱與震動也可能造成工件的表面燒傷及精度失準，同時也會加快砂輪的損耗程度。而砂輪耗損程度越大，磨削效率越低，加工過程中產生的熱量也會越多，使得加工物件受熱產生形變，惡化加工精度。因此，當砂輪耗損至某一程度時，便得暫停機台運作，進行砂輪修整後，才能再接

續加工。然而，修整砂輪或簡稱為修砂，不但會降低機台稼動率，也可能增加維修成本。目前大部分的磨床只能憑藉操作人員的經驗決定修砂時機。若不能適時對砂輪進行修整，過與不及都會影響到品質、成本與效率。

　　面對本案例的工具機製造商，我們決定採用+AI方式，在現有磨床上加入人工智慧思維。首先根據操作磨床的老師傅經驗，加工聲音常常可以用來幫助判別砂輪的運作情形。因此，發展能夠辨識磨床加工聲紋的AI學生來預測是否該修砂，是本案例的創新做法。本案例最終的修砂建議準確率達到97.44%，而精確率與召回率也都在96%以上，因此預測結果極具可信度，足以協助操作人員判斷砂輪狀態需要進行修整。

　　本案例在磨床工具機上+AI，讓傳統的產品運用人工智慧單點突破，不僅能夠幫助用戶更好的操作機台，同時也能提高其自身產品的價值與效益。

078　外送+AI

隨著網際網路的普及，造就了「宅經濟」和「懶人經濟」，為網際網路餐飲外送市場的發展帶來一波浪潮。時至今日，這個市場在經過高速發展後，規模仍保持著穩定的增長態勢，市場競爭也呈現白熱化。所以各家餐飲外送平台，需要不斷地加強平台用戶的體驗，提供差異化服務，同時也需要增加更多的合作店家，才能提升用戶滿意度。其中，外送餐點的及時性與準時性，是直接影響用戶體驗、服務觀感的最重要因素。因此，沒有一家餐飲外送平台不在這方面絞盡腦汁，就是希望能比競爭對手的外送時間更短、更準確。

不過，要讓外送時間更短、更準確，可不是單純地讓外送員在路上騎快一點就好。還得考量許多影響因素，例如商家與用戶的位置、出餐時間、外送員派送路徑等。換句話說，就是要整合許多現實世界的資訊，例如商家與用戶各是在哪條街道？容不容易停車？送餐路徑上有沒有塞車？用戶所住社區或高樓有管理人員或電梯嗎？可以放行嗎？而這些資訊的準確性和即時性，對於如何做出更好的外送決策至關重要，也是提升外送效率和服務的關鍵要素。

然而要考量這麼多的數據，早已不是人腦或傳統的計算所

能負荷。所以這些平台業者紛紛採用人工智慧技術，也就是+AI來構建出外送調度系統。以大陸的「美團外賣」為例，可說是目前將人工智慧技術運用來進行外送調度最具代表性的平台業者。美團所研發的線上對接線下的O2O實時配送智能調度系統，不僅可以規劃出最佳的外送路徑，而且能夠將調度時間精確到毫秒級別，使得平均每單外送時間——用戶從下單到領收餐點，可以縮短至二十八分鐘以內。

　　進一步來看，這套系統的架構事實上與稱霸圍棋界的AlphaGo類似。它是將過去的歷史訂單和外送員的行進軌跡等龐大數據，彙總在電腦的資料庫中，再讓人工智慧分析這些數據的特徵，進而得到從接收到的外送條件規劃出最佳的策略。並且該系統還會將每位外送員的所在位置及周遭環境等資訊即時模擬，以便精確預估在現實世界中真實車速。同時，也汲取商家在不同時段的出餐速度、外送員在該區域的騎乘經驗等難以量化的參數，供其發展的AI學生進行判斷。另外，美團的系統也會提供極為準確的預估送抵時間告知用戶，讓用戶服下一顆定心丹，安穩地等待餐點送達。

　　將外送平台+AI，除了取得競爭優勢外，更重要的是也改善了客戶體驗。

079　AI+餐飲

　　根據聯合國的統計資料，全世界每天有大約三分之一的食物並沒有被吃進人的肚子裡，造成每年約有十三億噸糧食被浪費掉。這其中，又以水果、蔬菜及根莖類作物為主要的浪費類型。與此同時，世界上卻有將近八億的人口遭受著飢餓之苦。因此，食物浪費可以說是一個亟需解決的全球性問題。

　　對此，許多企業或團體開始疾呼人們正視這個問題。一方面希望藉由改變糧食生產比重、供應物流及消費行為等方式，讓從生產端到消費端的浪費，通常是未購買或外觀不佳而腐敗丟棄的浪費，能夠逐漸減少；另一方面則是從大量食物的提供者，例如餐廳、飯店或中央廚房等業者著手，讓這些業者能自主地加強食材利用率，以及盡量購買並烹飪外觀不良但仍具營養的食材，減少丟棄的情形。

　　近年來人工智慧在視覺力上的進步頗為神速，包括無人駕駛汽車、人臉辨識、產品自動檢測等，許多應用已經開始出現在我們的周遭。若從AI+的角度來看，我們是否可以運用視覺力來監看餐廳的廚餘，進而幫助餐廳降低食材浪費？在過去，廚餘應該只會被想到回收用來製造堆肥。要餐廳員工關切被丟棄的廚餘數量，並將廚餘一批批放上磅秤，秤重並記錄下來，

甚至更進一步將這些丟棄的廚餘成本計算出來,這顯然有點天方夜譚。但是英國的一家新創公司叫做Winnow,真的就將AI+到廚餘上。

Winnow開發出一套運用人工智慧視覺力的系統,它將一台平板電腦架設在廚餘桶上作為眼睛,當廚餘或食材被扔進廚餘桶時,該系統會自動識別廚餘種類,再結合各類食材數據,即能預測出被丟棄的食材成本和環境成本,並且顯示在該平板電腦上。廚房員工馬上就能知道剛才丟棄的廚餘或食材浪費掉了多少價值。對廚房員工來說,這些浪費可能無關痛癢;但對管理者來說,這些浪費可是利潤流失及成本管理的破口。因此,該系統會定時將該平板電腦的記錄資料上傳至雲端資料庫,並且透過程式對當天或一段時間的廚餘進行分析、統計做出報表。所以管理者或廚師隨時都能透過該報表,了解食材的浪費情況,以及哪些餐點不受歡迎。將這些由人工智慧整理出來的資訊,作為管理者調整採購方式的參考,適量購買適當的食材,不僅能降低食材成本,也可減少儲藏設備及空間。另外廚師也可以此數據修訂菜單,使得較不受歡迎或分量過多的菜色變得更合乎顧客期望。

Winnow的AI+廚餘,不只能減少廚餘,也能提升餐廳的口碑,實在是超出以前我們認知的創新之舉。

080 AI+時尚

　　你是否曾想要找張圖或其出處，用了所有想得到的關鍵字在Google上搜尋，卻都遍尋不得？其實Google早在2011年就為Google images擴增了以圖找圖的功能，讓使用者可以透過上傳圖片的方式，篩選出與之相近的圖片以及這些圖片的網站連結。使用者再也不需要去思索如何描述圖片內容，就能快速檢索到類似內容的圖片，可以說是「一圖勝千言」的極佳寫照。

　　近年來人工智慧的視覺力，更是有了長足的進步。Google在2017年開始發展一種名為Google Lens「智慧鏡頭」的技術。其主要精神就是透過手機拍照，幫助使用者辨識真實世界裡的人事物等。例如用Google Lens對準看板或新聞上的活動日期，就可以直接把該活動加入Google行事曆中。Google Lens目前已經可以掃描與翻譯文字、辨認動植物、探索周遭環境，以及尋找喜愛的物品樣式等功能。

　　上述Google Lens這樣的能力，看在許多人眼裡可能非常稀奇。但是若從AI+的角度來看，這樣的人工智慧能力又能做什麼呢？其中像是GoFind Fashion這樣的公司就將AI+時尚，提供使用者全新的購買體驗。

　　試想以下場景：看著電視中的主角，實在很想也有一套跟她一樣的服飾；走在路上，看到迎面而來的路人身上背包很好看，但又不好意思上前詢問哪裡買？此時，只要將手機對準電視上主角的衣服或是路人的包包，GoFind Fashion就會幫你找到有銷售相似衣物與包包的電子商務平台。使用者還可以依照相似度或價格，依序排列出這些電子商務銷售的內容。

　　事實上人工智慧的龍頭公司之一Google，也沒有放過AI+時尚這個創新方向。Google開發名為Style Match的服務，便是以尋找時尚與生活物品為主。只要對著服裝、鞋子、皮包或是各類生活器具等，搜尋系統就會自動搜索出多種同款或類似品項，並依相似度排列出來。其中，搜尋結果還會包含風格相似的配件或相關商品。舉例來說，當使用者透過Style Match搜尋一件上衣時，搜尋系統會根據該上衣的款式以及模特兒穿戴後所呈現的整體風格等條件，一併推薦適合搭配該上衣的褲子、包包、眼鏡等配件。如此一來，不僅能為使用者提供搭配上的參考，同時也增加商品的銷售機會。

081　AI+教育

　　人工智慧近年發展迅速、應用廣泛，但是相比於製造、零售、醫療、國防等領域，人工智慧在教育上似乎仍無太多亮點。主要原因可能在於若從教育+AI的角度來看，教育過程中得時時針對學生反應進行調整，甚至還要對其認知水平、學習能力以及自身素質等，制定一套個性化的學習方案，才能有效提升學生的學習效果。然而這樣的期望大部分的老師都做不到，更遑論+AI來處理。

　　這些年來人工智慧的語言力越來越成熟，電腦不僅可以對話，還能理解對話後面的語意；不僅可以理解語意，還能自主幫忙處理許多事物，包括打電話訂餐、安排行事曆、到資料庫幫你搜尋數據等。那麼若是語言力的AI+教育，究竟能夠激發出什麼創新應用呢？Newsela與LightSail這兩家公司，不約而同都往這個方向邁出第一步，他們利用人工智慧創建出智慧的虛擬助教。

　　這些公司的做法是利用人工智慧，自動將閱讀與教學的內容聯繫在一起。推薦的每篇文章後面都附帶測驗問題，學生在作答後，虛擬助教便會隨即產生相關的閱讀分析報告，並上傳至雲端資料庫彙集成報表，協助老師得以隨時掌握學生的閱讀

能力與理解程度等狀態。儘管虛擬助教還不能取代老師，但是可以協助老師更容易面對每位學生，掌握其學習情形，從而幫助老師可依學生資質與學習方式施教，讓學習可以更人性化與個性化，進而提升學生的學習成果與效率。

　　利用 AI+教育，孔子的因材施教理想，將可更容易落實。

082　再不AI會來不及

　　人工智慧自上個世紀50年代迄今，已超過七十年。期間，經歷了兩次熱潮與兩次寒冬。與前兩次的熱潮不同，這次人工智慧的崛起，就如同本書所提出的概念，這會是人類的第二次進化。

　　當企業擁有各種所需的AI孿生，當每個人可以創建自己的AI孿生，新世界不只是在轉角了，而是已經到來。這次到來的速度不像過往，網際網路花了十幾二十年就改變了世界。人工智慧可能不用十年，就會改變今天的樣貌。我們再不快一點，在進化的道路上就會被甩到後面。對企業而言，網際網路時代被甩到後面，可能還只是扼腕；人工智慧進化的路上被甩到後面，企業可能就是被消滅的命運。

　　這些年來，世界各地的菁英階層，對於人工智慧幾乎全部投入大量關注。例如全球最大的電商亞馬遜公司執行長傑夫・貝佐斯（Jeff Bezos），他就直指人工智慧是未來十年的科技發展核心。台積電創辦人張忠謀在談及未來產業時也認為，人工智慧將會像智慧手機一樣改變數十億人生活。根據全球知名的勤業眾信聯合會計師事務所2019年的調查，有83%的受訪企業因為運用人工智慧，而獲得相當程度或巨大的經濟效益。並

且隨著運用的頻率增加,效益也越高。這已經充分說明企業採用人工智慧的趨勢難以逆轉。與此同時,產業AI化也會對傳統企業形成挑戰,能否掌握及運用人工智慧,將是企業未來的競爭關鍵。

在人工智慧的思維下,無論是+AI還是AI+,都會是企業今日的創新契機。

第九章

AI 思維的企業運用

083 企業 AI 風起雲湧

　　根據國際數據資訊（International Data Corporation，下稱 IDC）的研究發現，亞太地區在 2019 年已有超過 60% 的企業正在思考並建立「未來工作」（Future of Work，下稱 FoW）的相關規劃，用以協助企業提升員工產能、工作體驗及企業競爭力。而為了達成 FoW 的精神與規劃，包括人工智慧、智慧虛擬助理、雲端應用以及物聯網等將被大幅運用，以滿足企業對未來新型態辦公的需求。

　　IDC 終端系統研究副總監嚴蘭欣認為：「對企業而言，具備人工智慧感測和經過人工智慧訓練的智慧裝置，將更有利於人機協作。不僅增加工作效率、提升工作場所安全性，甚至可以加速業務經營決策的時間，並提高企業競爭力。因此人工智慧是企業 FoW 概念中的重要一環。」

　　此外，IDC 更預估在未來，全球企業將有超過四分之一的流程會完全自動化，為企業增加 15% 的生產力，並且激勵企業重新定義智慧化後的工作技能與管理。而導入人工智慧並運用「未來裝置」（Future of Device，FoD），例如機器人、物聯網、5G、穿戴式設備等，不僅在企業內部能有效幫助工作效率提升、資源整合利用以及加速決策訂定；對企業外部的客戶

經營、商業服務的維繫與開展等，亦有正向影響。

　　值得一提的是，根據商用軟體公司賽仕（SAS）與《天下雜誌》在2019年針對全台一千兩百六十一間企業所進行的「企業AI領先度大調查」報告，人工智慧技術最成熟的先行者，對公司投入人工智慧發展的滿意度高達85%；而剛開始嘗試的觀望者，其滿意度則只有45%。這顯示人工智慧投入的時間越久、經驗累積越多，越能感受到人工智慧所帶來的效益。

　　若進一步來看，各大產業是如何應用人工智慧。該調查報告指出金融業、零售、流通與服務等相關產業，大部分已經採用虛擬助理、自然語言處理等，而機器學習等則正在發展中。這些類型產業投入人工智慧的目的，主要是以改善對外服務效率、客戶體驗以及推薦服務等為主。製造業則是投入電腦視覺、機器學習等，同時也在推進最佳化、預測以及即時決策的發展。這領域的產業投入人工智慧的方向，主要著重於對內的輔助決策與管理，並且以降低營運成本、提升製造良率為最終目的。

　　企業AI化，我們將之稱為BAI（Business AI），已經是大勢所趨。運用人工智慧思維，無論是+AI還是AI+，企業才能在未來的挑戰中全面進化，全面提升企業在價值鏈上的競爭優勢。

084 AI的四種角色

　　連最難的圍棋都輸了，人類還能在什麼地方贏過電腦？這是人工智慧AlphaGo橫空出現後，帶給人類的新啟示。畢竟在四個「度」──維度、速度、強度與粒度的加持下，跟電腦相比，人類已經無法學得比它更多、更快、更久、更細。許多專家與報導都指出，人工智慧將取代目前60%的職業中至少30%的人力。那麼人工智慧會不會就這樣奪走了我們的工作呢？

　　從本書第二章「人類的第二次進化」的角度來看，企業AI化應該不是用人工智慧取代我們，而是利用人工智慧擴增員工的能力。事實上人工智慧對我們而言有四種角色，分別是作為我們的「工具」、我們的「學徒」、我們的「夥伴」及我們的「指導」。

　　人工智慧作為「工具」的角色，指的是主要工作仍由我們人類負責，透過運用具人工智慧加持的設備，來改善工作效率、提高生產力或是執行過去力有未逮的工作。若以影像處理或照相軟體為例，許多工具可以支援將世界著名畫家的風格，直接套用到自己拍攝的照片上，創造出特殊的作品味道。人工智慧這個時候只是個具備特殊功能的工具，如何運用以滿足目標，是由我們人類來操作。

　　人工智慧作為「學徒」的角色，指的是透過訓練人工智慧學習我們的經驗或技能，從而複製出另一個我們。有一個學徒的好處，自然是可以幫忙做一些自己無暇去做，或是那些瑣碎、較無價值的工作。同時，在面對少子化、產業人力斷層等衝擊下，也能快速傳承經驗，幫助企業因應退休或接班等問題。本書前面介紹的幾個真實案例，例如學習老師傅聽聲音來判斷磨床砂輪的狀態、學習作業人員操作放電加工機等，都可視為將人工智慧當成學徒角色來應用。

　　人工智慧作為「夥伴」的角色，指的是人類與人工智慧各司其職，共同協作完成任務。特別是針對一些人類無法執行的特殊工作或挑戰，人工智慧可以透過訓練學習後發展出自身的能力。此時儘管我們不具這方面的能力，但是卻可以與之協作共同完成任務。以本書之前介紹過的畫家夢為例，作者的AI學生可以自行體驗實景並對山水作品自主上色，而這方面的能力是作者所不具有的。但是透過搖晃手機創造山水作品的人則是作者自己，作者的AI學生不具備取景的想法與創造能力。換言之，作者跟作者的AI學生是一種夥伴關係，我們的作品算是一起共同創作。

　　人工智慧作為「指導」的角色，指的是透過對大量數據的學習，人工智慧有能力找出人類在面對許多挑戰時，所難以察覺的特徵與關聯。因此在面對某些任務時，人工智慧可以引導或建議我們下一步該如何進行。例如無人或自動汽車駕駛，會

根據其自主判斷，導引駕駛人員下一步的操作。在企業供應鏈管理或財務管理上，人工智慧也會建議採購者或財務人員，關於原物料的供應商與採購數量或是對於財務運作的最佳建議等。人工智慧在足夠的數據與訓練下，確實可以一如智者幫助我們、給我們更好的建議。

　　人工智慧作為我們的工具、我們的學徒、我們的夥伴或是我們的指導，都可以視為是我們的AI學生。透過AI學生二次進化，是我們每個人、每個企業都必須好好面對的未來。

AI孿生可以是工具、是學徒、是夥伴、是指導

085　從數位轉型到 AI 轉型

　　企業數位轉型，是指將數位科技運用到整個企業營運相關的活動中，從根本改變商務運行模式，並以顧客的價值與體驗為核心，不斷更新、持續轉型的過程。簡單來看，企業數位轉型可以分從四個方向切入，分別是「賦能員工」、「改善顧客體驗」、「作業最佳化」以及「促成產品轉型」。

　　賦能員工是指運用數位科技，提升公司員工的能力。例如像是員工可以透過手機上的 App，直接查詢供應商的預計進料時間，再運用軟體幫忙規劃最佳的生產排程。員工的能力因為數位科技的幫忙，而變得更快、更準、更好且更省力。

　　數位轉型的改善顧客體驗，則是透過運用數位科技來服務顧客。讓顧客在數位時代下，可以運用最方便且最即時的管道，獲得最好的服務。例如公司員工在數位技術的支持下，能夠快速查得訂單目前的最新生產進度，並可透過網路即時回報給客戶知悉。從客戶角度來看，因為可以隨時掌握最即時生產進度，自然可以正確規劃後續產品上市等相關活動。

　　運用數位科技幫助企業改善作業方式，是數位轉型中最容易為企業所接受的方向。因為藉由數位科技，協助企業管理財務、銷售、人力資源、研發、生產、供應鏈等活動，絕對可以

提升企業的競爭力。而產品轉型則是指運用數位科技，增加產品的附加價值或應用範圍。例如原來生產電鍋的廠商，若能結合數位溫度控制，就能創新改良，轉型產品為支持低溫烹調的「舒肥」（sous vide）料理電器。

　　隨著人工智慧的快速推進，企業也可以一開始就直接運用人工智慧進行轉型，我們將之稱為企業AI轉型。AI轉型相比數位轉型，更是一個能讓後起企業「彎道超車」的大好機會。此外人工智慧不像工業4.0需要許多基礎建設的支持，因此不論是從「大處著眼」還是要從「小處著手」，都能幫助企業創造價值。

　　AI轉型在不需傷筋動骨與大量投資下，可以讓企業「單點突破、快速切入」，從而逐步利用人工智慧二次進化。以下幾個單元將探討如何運用人工智慧思維在數位轉型上，以達成AI賦能員工、AI改善顧客體驗、作業AI化及產品AI化的四項目標。

086　AI賦能員工

　　「員工是企業的最大資產。」越有能力的員工,越有機會為企業帶來豐厚的利潤。因此,企業管理者若能為員工賦能,讓員工具備更強大的能力,才能讓他們進一步成就自身,同時也成就組織。而運用人工智慧賦能員工,正是企業可以思考的轉型之道。

　　根據2019年國際顧問機構Gartner的調查顯示,目前許多企業(56%)已經在運用人工智慧,不管是作為我們之前提到的四個角色:工具、學徒、夥伴、指導者,其目的都是在擴增員工的工作能力。而更簡單的賦能員工,基本上可以從其工作上所負責的業務、需要的溝通或是要面對的決策來展開。業務通常是指有步驟、有規則的例行性工作,例如操作機台、檢測產品、維修服務等。溝通則是指基於特定目的與不同人之間的對答,例如像是客戶服務、行銷介紹、助理服務等。決策則是指工作者必須透過發生的事件或數據分析等,挑選並抉擇最適合的行動方案。

　　運用人工智慧賦能員工,增加的AI學生有如為企業增加另一位員工,產生「1+1」的加乘效果,其差異可說是極為顯著。因此我們可以用一句英文來表達:「Because AI(Artificial

Intelligence）, becomes AI.（Augmented Intelligence）」，「因為
AI，所以AI。」前面的AI縮寫是指人工智慧的AI，後面的AI
縮寫則是指擴增智慧的AI。因為運用人工智慧，所以企業可
以擴增智慧。

AI賦能員工：Because AI, Becomes AI.

087　AI改善顧客體驗

　　人口結構與消費行為的改變，為企業帶來相當巨大的影響。根據統計，2025年之後，90%的消費者都將會是數位型消費者。這些消費者的消費方式與傳統消費者大不相同，例如他們在購買商品前，會先上網搜尋與這些商品相關的資訊，包括商品的價格、功能比較，以及其他消費者在使用後的心得、評價、推薦與否等，再決定是否購買。換言之，在以前的經濟模式下，商家是獵手，消費者是獵物。但是在體驗經濟時代下正好倒轉過來，商家是獵物，而消費者才是獵手。因此企業除了要能滿足客戶需求外，更重要的是滿足其體驗，才能有機會吸引現代的消費者。

　　對此，已經有越來越多的企業，正在運用人工智慧來改變與客戶間的互動方式。例如像是提供獨特且專屬的價值和服務，或是探尋客戶隱藏未知的需求等，進而提升客戶的體驗。國際顧問機構Gartner預測在2022年，人工智慧所衍生的商業價值將達到3.9兆美元（約新台幣115兆元），其中最關鍵的因素，就是顧客體驗的改善。企業目前將人工智慧運用在改善顧客體驗上，較常見的有聊天機器人、推薦引擎以及智慧定向廣告等。

　　由於自然語言處理技術的成熟，聊天機器人得以成為企業的親善客服、全時段店員或是互動助手等。聊天機器人不但可以隨時隨地服務顧客解答問題，讓顧客有專人服務的感覺，而且顧客還可以透過網頁或手機App這類數位管道，如網頁或手機App，輸入問題或是想要的服務，即可快速獲得響應。這對於以往的第一線客戶服務來說，絕對是費錢、費力又難辦的事。根據Gartner分析，到了2021年會有將近九成的客戶是與人工智慧在互動。

　　其次，推薦引擎也是幫助企業改善客戶體驗的重要方向之一。推薦引擎在網際網路時代就已經扮演重要的角色，以亞馬遜為例，它是電子商務平台中個性化購物體驗的佼佼者——「Those who bought this also bought that.」（購買了這件產品的買家也購買了那件產品）。事實上，假如其他電子商務平台沒有提供相似的推薦服務，消費者根本不會去使用。所以推薦引擎在數位時代對於客戶體驗影響頗為巨大。而根據個性化營銷自動化技術提供商Sailthru的報告顯示，在加拿大、英國與美國的電子商務平台中，已有不少業者改用人工智慧幫助建構更好的推薦引擎，而且也確實創造出更好的成績。

　　定向廣告指的是根據客戶資訊，分析出他們是不是潛在的購買顧客，以及應該向他們投放哪一個廣告才最有可能成交。相較於先前的無差別廣告模式，這不僅是一種更具成本效益的做法，同時顧客不會被沒有對應需求的產品廣告所打擾，也才

能避免不佳的顧客體驗。而利用人工智慧建立客戶畫像、定位目標客戶群體，相比以前的做法，自然更可以做到廣告的精準投放。事實是投放越精準，客戶體驗自然會越佳。

在企業轉型的過程中，以顧客為核心，提升顧客體驗，絕對是成功的不二法則。其中，人工智慧在改善顧客體驗已經有明顯效益，而且應用範疇從行銷個人化、顧客互動，甚至到行銷活動最佳化、決策方案制定等，可說是無所不在，人工智慧已是企業達成精準行銷的重要角色。

如何運用人工智慧創造更加獨特且專屬的價值和服務，進而提升顧客體驗，這些都是企業AI轉型可以好好發揮的地方。

088　作業AI化

　　從「產、銷、人、發、財」──生產、銷售、人力資源、研發以及財務等五個面向來看，企業每天涉及許多相關作業的執行，才能有效營運與管理。著名的波士頓顧問公司（Boston Consulting Group，BCG）更特別指出五個應該好好執行的作業流程，包括：從採購到付款、從客戶訂單到收款管理、從人力資源招聘到離職、從客戶抱怨到解決問題、從記錄資料到分析報告等流程。這些流程中的作業依靠人力執行時，常常會因為人員疏失、時間延宕或是無法串連，進而造成企業整體效率低下。

　　上述問題在企業運用數位科技下，理當獲得大幅改善。但是數位化不見得可以真正獲得最佳化成效。例如像是客服部門的員工，每天接到電腦自動轉發的客戶抱怨，經過判讀後再轉發給相關部門處理。各部門回覆意見後，客服人員還需確認並記錄處理情況，等到客戶最終滿意後才能結案。數位化的好處是電腦會自動串聯相關作業，確保沒有客戶的抱怨因疏漏而沒被處理。但是上述許多作業可能千篇一律、或是沒有太多挑戰、或是太過瑣碎、或是雖然簡單但是要花費許多時間執行機械化的工作。因此若能將人工智慧運用在上述場景裡，除了可

以節省人力外，更可以改善作業效率，並且提高客戶滿意度。我們把這樣的做法，就稱做企業作業AI化。

以「流程機器人」（Robotic Process Automation，RPA）用在幫助作業AI化為例，流程機器人就像是老鞋匠的「小精靈」，能反覆執行機械化、有規則可循的作業。這個小精靈會根據作業內容，自動謄寫或從其他地方取得相關所需數據，並串聯其前後相關作業。流程機器人讓企業員工不用一直糾結在沒營養的作業流程中，而可以把時間花在更重要的任務上。並且流程機器人對企業來說，不僅有助於縮短作業時間，更可減少錯誤發生的機率。事實上流程機器人的效率，可以是原先作業人員的十五倍，而作業執行品質更可趨近於零失誤率。

假如說流程機器人是執行作業的「手」，運用其他人工智慧技術則可以像是讓作業做得更聰明的「腦」。以客戶在網路上填寫表單為例，客戶可能會因為疏忽而輸入錯誤，而流程機器人基本上只會忠實地將表單資料轉入資料庫的各個欄位中。但是，假如進一步利用人工智慧從這些作業中學習，屢屢發現手機號碼必須有10位阿拉伯數，而且在台灣必須是以「09」開頭，才能正確通過作業流程。以後只要有客戶在填寫手機號碼發生上述錯誤時，就會立即跳出提醒，請客戶即時修正。換句話說，在流程機器人上再加入另一種人工智慧能力，兩者交互運用下，可以讓企業的作業流程透過不斷自學而越來越自動，也越來越聰明。

作業AI化的轉型，勢必有助於企業反應更快、更正確、更有效，成本也會更低。更重要的是，作業AI化可以單點突破，讓有需要或有價值的地方先開始。

089　產品AI化

　　一如本書前面介紹有關人工智慧的許多應用案例，人工智慧不僅會對產業競爭帶來變革，同時也會顛覆許多商務模式。無論是+AI還是AI+，運用人工智慧創新產品或服務，都是企業決戰未來的重要關鍵。

　　談到產品AI化，我們腦中可能會出現許多與「智慧」有關的詞，像是「智慧醫療」、「智慧製造」、「智慧流通」、「智慧金融」、「智慧家庭」、「智慧城市」等，不一而足。以智慧家庭為例，運用+AI的思維，許多家電製造商就直接將其原有產品AI化。例如LG就表示其目前的家電產品將百分之百具備Wi-Fi連網功能，並且將在冰箱、空調、掃地機器人、洗衣機等家電上，加入人工智慧的深度學習，讓這些家電能夠更聰明地運作，為使用者創造更便利的生活。又或者像是三星公司（Samsung），2020年該公司的所有家電都具備人工智慧。以該公司的聲控電冰箱為例，不僅可以唸出食譜給人聽，還具備食材管理功能，協助家庭清楚掌握食物存放情形，並可自主上網採購，補充日常所需的食材。

　　前述以智慧為開頭的各種名詞，代表的不只是產品，而是包括場域、事、物、人與時間等，脈絡交錯的各種智慧化挑

戰。所以無論是LG或三星的產品例子，都只是智慧家庭AI化的一小部分。試想，若從AI+的角度來看，整個房子可能就是一個人工智慧創建的僕人。當你回到社區大門時，它可以認得你、跟你打招呼，同時也確認你是安全無誤的再幫你打開大門。它也可以主動操作中庭的光影變化，來歡迎你回家。客人來訪還是網購送貨人員，它都可以扮演僕人或是總管的角色，直接導引客人到大門口，或是接收物品後，再透過自動傳送設施直接送至家裡的外部儲物櫃。

　　將人工智慧應用到服務、產品或商業模式，已經是進行式。透過將產品AI化，絕對會是企業轉型所無法避免的重要課題。

090　三個I

　　人工智慧對於企業是如此重要，除了前面介紹的AI四大角色與AI轉型四大方向外，人工智慧在企業的應用方式，還可以從三個I來開展。這三個I分別代表三個以I為開頭的英文單字，分別是：「Intellect」（能力）、「Interaction」（互動）以及「Interface」（介面）。

　　這三個I代表企業的「時、空、人」之間的交錯關係——企業員工，無論從資深到新進，各有其能力。這些能力有些是獨特的、稀缺的或是需要長時間才能積累的；企業裡的各種職能人員，在其工作場域中會因不同的時間、事件與物品等，而有不同的互動行為。而互動結果勢必因人而異，自然也會影響企業運行結果；同樣地，在工作場域中的互動，必須透過適當的介面，才能讓人與人、人與事物、人與機器、人與系統、人與數據等，彼此之間的溝通能有效地進行。

　　上述描繪企業的這種「時、空、人」之間的關係，是從企業每天營運過程中不斷發生的「動態行為」，來探討企業人工智慧的可能應用思維。不像之前介紹的AI四大角色與AI轉型四大方向，則是屬於從「靜態結構」來說明人工智慧的企業應用方式。

　　本單元所提的三個I中的第一個能力I，是指從企業生命週期的過程中，建立其所需的職能AI學生；第二個互動I，是指從各職能員工在工作場域中，運用人工智慧，改善因互動不良而可能造成的損失；第三個介面I，則是指透過人工智慧，發展更聰明、更方便的人機介面，幫助員工更容易擴增能力。在往下的三個單元裡，我們會進一步說明這三個I對企業智慧化的重要性。

企業的三個AI：Intellect、Interaction、Interface

091　能力AI的運用

　　企業的運行基本上可以想像成是一部機器,好的機器運作順暢,效率既高、成本又低。企業這部機器顯然比真的機器複雜,其中各種職能的員工各司其職,自然是企業要能運行的基本條件,但卻不見得能保證效率高、效益大,同時又能獲利豐。當然這其中的關鍵是除了認真負責的員工外,企業還要能夠發揮經年累月所積累的「能力」,才能將事情「做對」又「做好」。

　　所謂企業的能力,事實上大部分還是積累在各種職能的員工身上,也就是他們的經驗與能力中。一群能力高超、認真負責的員工,自然可以造就出非凡的企業。但是,在企業整體的生命週期過程中,企業的能力若僅是依附在員工的能力上,風險自然大增。所以在過去,許多成功的企業會從組織架構、SOP、人力資源訓練等各種維度,試圖發展出可以萃取出企業能力並轉化成為組織能力的各種機制。

　　假如我們從人工智慧思維出發,這個問題或許相對容易:我們可以讓人工智慧去學習各個職能的各項能力,從而發展出對應的AI學生。這些AI學生不僅可以幫助企業員工,同時在不受時間限制、比人類更能承受壓力、同時也更容易彼此合作

下，從企業能力的角度去發展企業AI。

　　本書之前所介紹的許多案例，當初就是依能力所需而展開。例如像是第21單元的生產良率預測、第36單元的材料配方預測、第39單元的電池極板瑕疵檢測、第45單元的訂單數量推理等，透過將企業能力AI化，企業才能面對挑戰，將事情做對又做好。

092　互動AI的運用

　　一如本書之前所提，大部分的企業，無論是在生產製造的過程中還是銷售服務的環節裡，都會涉及人、事、時、地、物彼此之間的互動。在這些互動關係中，有些頗為複雜，一有不慎就會造成企業的巨大損失。而且許多的互動關係，特別是涉及人的時候，常常會因人而異。因為儘管制定SOP，但除非是像電子組裝業的生產線，否則人的行為是動態的，SOP的執行可能會受其專注度或場域環境干擾等因素而發生缺失。我們以下就一個實際案例來說明互動AI運用的重要性。

　　此案例廠商的主要業務是以生產與維修軌道車輛的輪對為主。所謂輪對是指軌道車輛，像是火車或高鐵的輪子。這些輪對相對較大又重，而其中一個重要工序是要按標準程序，逐步用螺栓將整個輪子進行鎖固。整個鎖固螺栓的過程，最後需要三位作業人員一起合作。其中兩位必須遵守步驟合作迫緊螺栓，另一位人員則負責監看、拍照並記錄過程中的相關數值。由於一個輪對有十多處螺栓需要栓鎖，因此，正常完成一組輪對鎖固，有時候就需要耗費二十分鐘以上。

　　上述這樣的過程涉及多人之間，以及對工具、對螺栓、對加工工件間的互動關係。由於工件較大所以場域也不小，作業

人員在工作中需要走動，彼此間也需要溝通合作，而使用的工具在使用過程中也無固定的放置位置。由於現場互動過程相對複雜，而且程序步驟多到容易讓作業人員混淆，所以偶爾發生錯誤在所難免。但由於這樣的錯誤對於軌道車輛而言實屬致命，因此如何完全杜絕錯誤，對本案例廠商而言，是一件非常重要的事。

　　在本案例中，我們首先分析所有的互動關係，包括正確的作業行為、不重要的人員行為、錯誤的作業行為以及許許多多不經意、但可能造成影響的行為等。緊接著我們為此互動關係設計了一個AI學生，它學會了所有可能發生的行為後，最難的是它還需要學會「看得懂」目前正在發生的人、事、時、地、物等彼此之間的互動關係。這個AI學生最後可以自行監控整個過程，當它發現可疑的行為時會發出警示；當它發現作業人員錯誤地執行工作時，更會緊急通知現場人員避免錯誤發生。

　　一如上面這個案例所呈現，企業場域中的互動關係實在很多而且複雜。而在許多行業裡，人類畢竟無法像機器人那樣，以固定模式執行任務。因此善用人工智慧思維，建立互動AI的運用，也是企業AI化的另一個重要維度。

093　介面AI的運用

　　企業的日常運作除了需要面對企業能力與場域互動的挑戰外，由於企業的數位化程度也越來越深，人員與數據、人員與系統之間的互動也就越發頻繁。例如我們在單元38「運用視覺力自動讀取數值」中所介紹，原來的案例工廠需要將測量數據錄入電腦，以便後續追蹤管理用。這些測量工具已經有了數位顯示面板，自然大幅減輕工作人員肉眼判別測量數值的困難。但是人員需要將看到的數值輸入電腦，這程序就需要先寫在紙上，待完成所有量測後，再回到電腦上一筆一筆鍵入資料庫中。

　　在上述案例的整個過程中，從測量工具到電腦中的資料庫，人員扮演的是介面角色。由於量測項目多，有些是單項數值，有些則是群組數值。作為錄入資料庫的介面，人員必須具備相關知識才不會造成錯誤。所以在本案例中，我們最後運用人工智慧的視覺力，自動讀取測量工具上的數值，並幫助人員依據該工具屬性，將數據自動且正確寫入資料庫中。這正是介面AI化的一個典型案例。

　　上述這個案例對企業而言並非特例。想想看，當人員必須與數據、系統之間交互合作，人自己本身還需要作為介面，或

者應該說使用其他介面來與之互動，有時候真的會造成工作效率低下，甚至發生錯誤而不自知。例如業務主管想要知道現在的客戶訂單情況，他先要打開電腦連到系統，再透過操作系統取得數據。另一種方法，主管可能直接打電話詢問他的助理，待助理查出結果再回報給他。這兩個介面——詢問助理還是自己查詢，哪個會比較方便？顯然問助理這個介面比較省事。但風險是萬一助理經驗不足查錯數據，也就是說介面不夠聰明，那麼後果自然嚴重。

　　將人工智慧用來改善、甚至扮演企業中的所需介面，這是企業AI化很快創造價值的做法。今天透過語音、視覺、肢體、甚至表情等，人工智慧可以很聰明地協助我們跟其他人、事、數據、系統等互動。我們把這些新的介面稱為虛擬助理。事實上不管是在工廠還是賣場，是作業人員還是管理人員，每個人都可以有個虛擬助理，作為自己與企業、與工作以及與AI孿生間的介面。

　　企業整體運行過程中，「時、空、人」之間的關係，可以用三個I——能力、互動、介面來表達。而這三個I的AI化，可以作為企業邁入二次進化的指路牌。

第十章

結語：人在迴路中

094　人與AI共存

　　自從AlphaGo一戰成名後，許多分析報告整理出人類未來
會被人工智慧取代而失去的工作，這些報告讀來自然會讓人感
到焦慮。而另一方面，在工業4.0概念席捲全球下，另一種憂
慮也蔓延開來，那就是未來連工廠好像都會變成無人工廠。一
時之間，我們一般凡人要何去何從呢？

　　本書從一開始就比較樂觀，因為我們認為目前的人工智
慧，最多就是成為人類在數位世界的分身——AI孿生。人類
會從基於運算思維的第一次進化，邁入以人工智慧思維為主的
第二次進化。所以無論是未來的企業或是工業4.0後的生產製
造，仍然會是「人在迴路中」(human-in-the-loop)。

　　所謂的「人在迴路中」，是在上世紀70年代人類進入太空
後所提出的概念。由於人類很難在太空中工作，因此許多太空
船外的活動是透過機器臂自動操作。但是顯然人類會擔心，太
空船外存在有太多的例外，機器臂若應付不當，那可是會機毀
人亡的。因此當時的自動控制保留了讓人可以介入的機制。一
如今天的自動駕駛汽車，仍然可以讓人取消自動、接手駕駛。
畢竟在現實世界中，人類智慧具有獨特的思考與反應能力，再
加上人類的直覺能力，當一些從來沒有面對過的情況發生時，

對於人工智慧來說可能會困惑不解，人類卻可當機立斷。所以本書在這裡引用「人在迴路中」這個概念，是想告訴讀者，無論企業如何智慧化、工業4.0如何先進，都仍然需要人類參與其中。

既然人還是會在迴路中，那麼我們應該儘早習慣與AI共存，早日接觸人工智慧應用，如此我們也才能早日脫穎而出。

人在迴路中與AI共存

095　AI孿生的挑戰

本書在單元18中曾提出AI孿生這樣的概念，它是指結合個人智慧與人工智慧，作為我們在數位世界裡的千手觀音，既不會漏失數據，又是一位能夠預測、推理、具備千里眼和順風耳的大神。這些數位世界中的AI孿生，則是透過融入各式數位產品、應用或服務中，來與我們這些凡夫俗子的使用者互動。所以協同合作型的機器人，會在撞到操作人員之前自行主動停止工作，以免造成人員傷害；理財顧問不再跟你面對面溝通，而是理財AI透過手機自動推播，告知你這檔股票是否該賣了以免造成損失；銀行大廳則以機器人取代服務人員，客戶跟機器人互動才能取得所需指引。

與AI孿生互動，顯然是未來無可避免的趨勢，但是這些人工智慧應用跟以前我們所熟悉的各類系統已有所不同。以前，不管是電腦軟體、網頁應用還是手機App，對我們而言都是屬於無智慧的東西。使用它們或操作它們，就只是像在使用工具，最多也就抱怨工具不順手、不好用或是功能不足。但是當這些系統變得有智慧，背後有個AI孿生時，我們人類使用者會開始對這些人工智慧應用有不同的期望：既然有智慧，那麼就應該更理解使用者、更平易近人、反應更聰明，而且還

要更值得信賴。因此AI學生除了能力要對外，如何服務好使用者，顯然是另一個重要的關鍵議題，而此領域我們將之稱為AI的「用戶體驗」（User Experience，UX）設計。

　　用戶體驗設計在網際網路以及移動應用時代，已是公認的顯學，因為網際網路或移動應用的使用者，一般都與服務提供者無直接的接觸。也就是說，與傳統的軟體使用者不同，他們是自行上網或自行下載App，再對接到網路端的應用接口取得服務。這些使用者在接觸其所需的服務前，既沒有機會接收到操作訓練，過程中也沒有地方可以詢問如何使用。因此這類軟體在設計上，勢必得考慮使用者的認知與經驗。唯有創造出好的使用體驗，使用者才可能願意持續使用該服務。試想你會願意使用一個操作不流暢的軟體嗎？會願意使用一個過程繁瑣、不停要你回應的系統嗎？會願意使用一個莫名要你提供個人私密資訊、卻不知道要拿來做什麼的App嗎？

　　從使用者角度出發的設計思維，就叫做用戶體驗設計。但是傳統的用戶體驗設計並未考慮到當使用者與AI學生必須共存時，身為人類的我們會有怎樣的心理與認知上的微妙轉變。倘若無法在用戶體驗設計上納入人工智慧的衝擊，那麼「人在迴路中」的結果，非但可能無法達成，甚至將會造成負面效果。

096　介面改變

　　自從電腦出現以來，操作電腦的介面就一直在改變。從最早用紙帶、卡片，到後來可以在螢幕前用鍵盤輸入指令。電腦的操作方法雖有改善，但對於大多數非電腦專業人員而言仍很難使用，電腦是一種可望而不可及的設備。一直等到視窗系統，或者也稱為「圖形使用者介面」（Graphical User Interface，GUI）的出現，透過滑鼠與視覺化方式來使用電腦，不僅操作簡易，而且也更清晰明瞭，也因此大部分的人才有機會接觸電腦、使用電腦。時至今日，在移動網際網路時代下，不管是網頁瀏覽器還是手機App，其操作概念仍然不脫視窗系統這類，以使用滑鼠、多點觸控等為主的圖形使用者介面。

　　隨著人工智慧的出現，想想看，我們仍然會透過滑鼠與多點觸控跟其背後的AI學生溝通嗎？當然，答案是肯定的。因為圖形使用者介面，至今仍是最為大眾所習慣的操作方式。但是另一方面，人工智慧跟以前的應用軟體也已有所不同。試想它可以跟真人一樣跟我們對話，我們卻還要一直用滑鼠或觸控螢幕來與之溝通，這是否也太滑稽、太不方便了？一個在銀行大廳或賣場導引服務的機器人，身上還要掛個面板，這是否太

不合理了？

　　當AI孿生成為我們的千里眼、順風耳、甚至數據專家時，事實上用戶體驗設計應該也要改變。例如以對話型式為主的互動方式，稱為「對話式使用者介面」（Conversational User Interface，CUI），正出現在我們的周遭。其中像是常見的智慧音箱，例如亞馬遜的Alexa或是小米的小愛同學等，就是直接「用說的」來操作這類型產品。因此隨著人工智慧應用越來越多，或許人們未來只需動動眼、揚揚眉、嘟嘟嘴，就能讓AI孿生「揣摩上意」，去做我們想讓它做的事情。換言之，未來的我們會有更多的介面與方式來與AI孿生互動。而這一切的改變要往正向發生，其關鍵處就在於需要有更多人重視AI的用戶體驗設計。

097　互動改變

　　前一單元介紹到的智慧音箱於2017年大爆發，在全球消費性電子產品的歷史上，也寫下了全新的里程碑。智慧音箱的異軍突起，除了可以透過用說的方式要求播放音樂、查詢資訊外，也可以用來控制家庭的一些智慧裝置，如電燈、窗簾等，更是代表在人工智慧下的人機互動改變。

　　目前市面上各家科技大廠都有屬於自己的人工智慧語音助理，例如亞馬遜的Alexa、蘋果的Siri、Google的Assistant以及小米的小愛同學等。要跟這些語音助理互動，相信用過的人都聽過「喚醒」這個詞。喚醒有點像是我們在啟動軟體，否則人工智慧怎麼知道我們現在是在跟它講話呢？所以例如在面對小米音箱時，我們每次需要它的服務，就得呼喚小愛同學一次。這樣的互動基本上還挺合理，但是假如就只有我們跟它在一起，每動作一次都要喚醒它一次，這對使用者而言，久而久之就會有點覺得不好用了。

　　仍以上述為例，智慧音箱還可以跟使用者閒聊。透過訓練有素的對話式人工智慧，智慧音箱可以快速掌握使用者的提問，並進行具有「溫度」跟「彈性」的回覆，讓使用者不覺得是在與無生命的機器人溝通。但是，由於人類語言博大精深，

人工智慧對於文句的理解以及前後文的關聯意涵，還沒有辦法像人類一樣掌握。因此，便經常會發生互動到後來，語音助理已經無法掌握對話脈絡，從而出現雞同鴨講的情況。

　　從上面人工智慧語音助理的案例來看，我們可以發現人工智慧的互動性高低，主要還取決於具備人性程度的多寡。過於呆板刻意的指令操作，只會降低人類與人工智慧合作的效率。要讓人工智慧變得更有「人性」，也是目前人工智慧的最大挑戰。

098　感受改變

　　人類在應用人工智慧上，除了前述有關介面與互動的挑戰外，另一個議題則是一個更深層的問題——感受。就以2008年的電影《鷹眼》（*Eagle Eye*）為例，片中的人工智慧Aria透過電話指揮男女主角，要他們在特定時間做一些特定的事。對Aria來說，國家安全是最高優先等級，其他無論是總統還是平民的性命都是次要、可被犧牲的。因此逼迫無辜民眾執行恐怖任務，對Aria而言是完全可以不受感情所左右。

　　上述的電影自然是虛構的，但是在真實世界裡，當我們跟AI學生合作時，當它給出某項建議或是要求執行某項指令，假如我們無法理解其背後的原因或知識，那麼我們是否會有異樣的感受出現？

　　對此，要能根除這種未知的異樣感受，首先應納入各職能類型使用者的心理層面。人工智慧所產生的結果，要能符合人類的預期，並且交由人類來做最後的決定。一如本書之前所提到的人與人工智慧間的合作，可由人工智慧負責執行例行性任務，而人類則負責執行審查監督。同時，使用者也要能夠隨時中止人工智慧正在執行的任務。

　　另一方面，若是人類能夠理解人工智慧為何做此建議，那

麼使用的感受自然會不受影響。目前人工智慧領域的「可解釋
人工智慧」（explainable AI，下稱XAI），正是以此為目標。
XAI具備資訊公開透明的特色，不但會告知它做了何種決定、
即將採取何種行動，還會說明它是如何達成最終推論，從而降
低我們在使用人工智慧系統時的疑慮。當然，以目前來說，
XAI跟前面單元所提的人性，都還是人工智慧需要努力的地
方。

099　信任改變

　　前文提到我們會對人工智慧有異樣感受的原因，主要源自於我們沒辦法參透它到底在想什麼？為什麼會這麼想？以及它會如何做？就像第一次進去鬼屋中，不會知道嚇人的機關或工作人員什麼時候會跳出來，並且會用什麼方式出現。並且越是出乎我們的意料，我們就越會感到害怕。不過，只要有個曾經來過這個鬼屋的人跟在我們身旁，而且提早告知我們這些嚇人的事物，我們便會降低恐懼感。

　　然而，若這個人是一位從未見過的陌生人，只是說他曾經來過這個鬼屋，知道這裡面的所有機關，相信許多人應該一開始也不會對他所說的話深信不疑。可能要他確實地指出幾次嚇人事物後，我們才會越來越信任他所說的話。

　　人工智慧也是如此，就算我們能夠知道人工智慧做了何種決定、即將採取何種行動，以及是如何根據現有的資料，來達成最終的決策。我們可能還是不敢把攸關人身、財產、安全等重要事項的決定，全權交由人工智慧來定奪。畢竟，這可關係著巨大的風險，而且承擔人就是我們自己。因此，必須經過幾次試驗後，我們才能逐漸對人工智慧有信任感。

　　另外，由於人工智慧是依其訓練數據而定，所以如果

這些數據本身有瑕疵,自然這個AI學生也會有問題,而我們可能根本毫無所知。舉例來說,普林斯頓大學(Princeton University)科研團隊通過對詞彙分析程式GloVe的研究發現,該程式認為聽起來像白人的名字和「歡樂」、「平靜」等正面詞彙更接近;而聽起來像非裔人士的名字則和「苦惱」、「戰爭」等負面詞彙更接近。這是由於人類的文化和語言中已經帶有偏見,而人工智慧從這些訓練數據中學習,因此也就「有樣學樣」地學會了這些偏見。

　　人在迴路中與AI學生合作,「介面難用、互動低能、感受惶恐、不敢信任」等四件事,是目前人工智慧必須面對的問題。這四件事除了技術上的挑戰外,將用戶體驗納入人工智慧的應用設計,是推進人工智慧另一個有待探討的議題。

100　每個人都需要AI思維

　　發展AI學生展開二次進化，是今天我們每個人都必須面對的挑戰。但是這並不是要我們大家去學人工智慧技術，而是應該掌握AI思維並結合自己的專業領域，讓自己站在已有的基礎上再次騰飛。

　　本書中我們指出人工智慧思維的主要精神，首先在於將過去以解題為主的想法，轉換個腦袋改成以訓練為主。也就是說，只要有對應所需的數據，就可以訓練出有助於我們的AI學生。

　　而AI學生可以幫我們做什麼呢？在本書中，人工智慧思維以五種力、四個自、三類學，所謂的「五四三」來幫助大家想像自己所需的AI學生。其中，五種力是人工智慧單純的基本能力應用；四個自則代表人工智慧四個不同等級的智慧整合面向；而三類學則是應用人工智慧三種可能的學習方式。

　　人工智慧思維的另一個角度，則是從數據出發。在計算四個度──速度、維度、強度、粒度的優勢下，一代可能還需靠經驗，但是二代一定是靠數據。因此不論數據是否完整，數據驅動創新是人工智慧思維的重要推手。

　　另外本書也特別重視人工智慧經濟的推進，無論是+AI還

是AI+，企業走向AI轉型，絕對是企業能否面對未來挑戰的重中之重。因此各種職能人員具備人工智慧思維，已是刻不容緩的事。

　　再不二次進化，這次可能真的會太遲了。

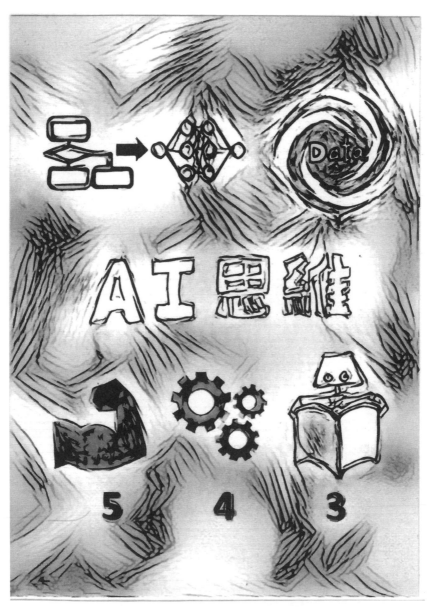

人工智慧思維的「五四三」

新商業周刊叢書BW0750

AI思維
不需艱深技術，不用鉅額投資，任何企業都適用的進化關鍵

作　　　者／周忠信
編 輯 協 力／張語寧
責 任 編 輯／鄭凱達
版　　　權／黃淑敏、翁靜如
行 銷 業 務／周佑潔、林秀津、王　瑜、黃崇華、賴晏汝

總　編　輯／陳美靜
總　經　理／彭之琬
事業群總經理／黃淑貞
發　行　人／何飛鵬
法 律 顧 問／元禾法律事務所　王子文律師
出　　　版／商周出版
　　　　　　臺北市104民生東路二段141號9樓
　　　　　　電話：(02) 2500-7008　傳真：(02) 2500-7759
　　　　　　E-mail: bwp.service@cite.com.tw
發　　　行／英屬蓋曼群島商家庭傳媒股份有限公司　城邦分公司
　　　　　　臺北市104民生東路二段141號2樓
　　　　　　讀者服務專線：0800-020-299　24小時傳真服務：(02) 2517-0999
　　　　　　讀者服務信箱E-mail: cs@cite.com.tw
　　　　　　劃撥帳號：19833503　戶名：英屬蓋曼群島商家庭傳媒股份有限公司城邦分公司
訂 購 服 務／書虫股份有限公司客服專線：(02) 2500-7718；2500-7719
　　　　　　服務時間：週一至週五上午09:30-12:00；下午13:30-17:00
　　　　　　24小時傳真專線：(02) 2500-1990；2500-1991
　　　　　　劃撥帳號：19863813　戶名：書虫股份有限公司
　　　　　　E-mail: service@readingclub.com.tw
香港發行所／城邦（香港）出版集團有限公司
　　　　　　香港灣仔駱克道193號東超商業中心1樓
　　　　　　電話：(852) 2508-6231　傳真：(852) 2578-9337
馬新發行所／城邦（馬新）出版集團
　　　　　　Cite (M) Sdn. Bhd.
　　　　　　41, Jalan Radin Anum, Bandar Baru Sri Petaling, 57000 Kuala Lumpur, Malaysia.
　　　　　　電話：(603) 9057-8822　傳真：(603) 9057-6622　E-mail: cite@cite.com.my

封 面 設 計／萬勝安
印　　　刷／韋懋實業有限公司
經　銷　商／聯合發行股份有限公司　電話：(02) 2917-8022　傳真：(02) 2911-0053
　　　　　　地址：新北市新店區寶橋路235巷6弄6號2樓

■2020年10月6日初版1刷　　　　　　　　　　　　Printed in Taiwan
■2022年1月11日初版2.8刷

城邦讀書花園
www.cite.com.tw

國家圖書館出版品預行編目(CIP)資料

AI思維:不需艱深技術,不用鉅額投資,任何企業
都適用的進化關鍵/周忠信著.--初版.--臺北市:
商周出版:家庭傳媒城邦分公司發行,2020.10
　　面;　公分.--(新商業周刊叢書;BW0750)
ISBN 978-986-477-916-1(平裝)

1.人工智慧　2.企業管理

312.83　　　　　　　　　　　　　　　109013251

 商周出版

讀者回函卡

感謝您購買我們出版的書籍!請費心填寫此回函卡,我們將不定期寄上城邦集團最新的出版訊息。

不定期好禮相贈!
立即加入:商周出版
Facebook 粉絲團

姓名:＿＿＿＿＿＿＿＿＿＿＿＿＿＿＿＿＿＿＿＿ 性別:□男 □女

生日:西元＿＿＿＿＿＿年＿＿＿＿＿＿月＿＿＿＿＿＿日

地址:＿＿＿＿＿＿＿＿＿＿＿＿＿＿＿＿＿＿＿＿＿＿＿

聯絡電話:＿＿＿＿＿＿＿＿＿＿ 傳真:＿＿＿＿＿＿＿＿＿

E-mail:

學歷:□ 1. 小學 □ 2. 國中 □ 3. 高中 □ 4. 大學 □ 5. 研究所以上

職業:□ 1. 學生 □ 2. 軍公教 □ 3. 服務 □ 4. 金融 □ 5. 製造 □ 6. 資訊

　　　□ 7. 傳播 □ 8. 自由業 □ 9. 農漁牧 □ 10. 家管 □ 11. 退休

　　　□ 12. 其他＿＿＿＿＿＿＿＿＿＿＿＿＿＿＿＿＿＿

您從何種方式得知本書消息?

　　　□ 1. 書店 □ 2. 網路 □ 3. 報紙 □ 4. 雜誌 □ 5. 廣播 □ 6. 電視

　　　□ 7. 親友推薦 □ 8. 其他＿＿＿＿＿＿＿＿＿＿＿＿＿＿

您通常以何種方式購書?

　　　□ 1. 書店 □ 2. 網路 □ 3. 傳真訂購 □ 4. 郵局劃撥 □ 5. 其他＿＿＿

您喜歡閱讀那些類別的書籍?

　　　□ 1. 財經商業 □ 2. 自然科學 □ 3. 歷史 □ 4. 法律 □ 5. 文學

　　　□ 6. 休閒旅遊 □ 7. 小說 □ 8. 人物傳記 □ 9. 生活、勵志 □ 10. 其他

對我們的建議:＿＿＿＿＿＿＿＿＿＿＿＿＿＿＿＿＿＿＿＿

＿＿＿＿＿＿＿＿＿＿＿＿＿＿＿＿＿＿＿＿＿＿＿＿＿＿

＿＿＿＿＿＿＿＿＿＿＿＿＿＿＿＿＿＿＿＿＿＿＿＿＿＿

本書作者的AI學生：水墨App+自主上色